米軍最強という幻想

アメリカは日本を守らない

北村 淳
Kitamura Jun

PHP

米軍最強という幻想——目次

序章　王道へ――「反米」でも「親米」でも「親中」でもなく

第1章　覇道国家アメリカの衰退

第2章　日米同盟離脱と重武装永世中立主義

第3章 日米同盟離脱と非核政策

第4章　永世中立国・日本の国防態勢

序章

王道へ
——「反米」でも「親米」でも「親中」でもなく

日清戦争、日露戦争をくぐり抜け第一次世界大戦でも戦勝国に名を連ねた日本はイギリス、アメリカとともに三大海軍国の一つに数えられるに至った。そのような日本を訪れた孫文が「日本は西洋覇道国家の番犬となるのか、東洋王道国家の干城となるのか、よくよく考えた上で選択していただきたい」と日本に問うたことがある。

（孫文「大アジア主義講演会」1924年11月28日）

大アジア主義の伝統的二分法――「覇道国家」と「王道国家」

儒教の概念を近代国家に単純に適用したため、科学的概念とはいえず漢語から受ける感覚に立脚した情緒的概念に近いのではあるが、「強力無比の武力を振りかざして他国を圧倒あるいは征服することにより、自らの国益を維持伸長する」のが「覇道国家」、「武力は最後の手段として鞘（さや）に納めておき、文化をはじめとする非軍事的交流によって仁徳や信義を波及することにより他国の尊敬を得て国益を維持伸長する」のが「王道国家」といった意味合いで日本や中国の大アジア主義者たちは用いていた。

冒頭の孫文の演説にも示されているように、西洋列強の抑圧下からアジア諸国を解放する、という目的を持っていた大アジア主義者たちは西洋の軍事大国を覇道国家であり、東洋の大国は王道国家で〝あるべき〟という基本的了解に立っていた。

石原莞爾（いしわらかんじ）の「世界最終戦争論」も、西洋覇道国家の親玉であるアメリカと、東洋王道国家の代表である日本は、世界のリーダーの地位をかけて衝突する、という大アジア主義の伝統的二分法を用いている。

アメリカの覇権に挑戦し始めた中国、ロシア

もっとも、覇道国家の首座を占めるに至ったアメリカに打ち破られた日本は、孫文が危惧していたような覇道国家の番犬に成り下がってしまい、はや80年が過ぎようとしているのである。

その覇道国家の親玉であるアメリカは、ソ連との冷戦に勝利して以降油断が生じてしまったのに加えて、国家の統一性を有した軍隊ではない国際テロリストとの戦争に突入したため、アメリカ軍事力の大黒柱でなければならない海洋軍事力の弱体化が進んでしまった。そのような状況下で、アメリカが築き上げた覇権に挑戦し始めたのが新興覇道国家の中国と再興を図りつつある老舗の覇道国家ロシアである。

はるか古（いにしえ）に、王道国家の理想が誕生した地に共産党が打ち立てた中華人民共和国は、20

世紀末に台湾を巡ってアメリカの軍事的威圧の前に屈服させられた（第三次台湾海峡危機、1995年7月～96年3月）のをきっかけとして、アメリカの軍事力に屈さないだけの軍事力を身につけるべく臥薪嘗胆(がしんしょうたん)し、四半世紀後の今日(こんにち)、アメリカ軍当局自身がアメリカは中国に海軍力を追い抜かれるに至ってしまった、と認めるほどになったのである。

かつての日本と同じく強力な軍事力を身につけてきた中国は、自らを王道国家であり、覇道国家のアメリカを東アジア海域から駆逐する、と豪語してはいるものの、周辺諸国に対する中国自身による軍事的威嚇はアメリカ同様に現在の中国も覇道国家への途(みち)を歩んでいると見なさざるをえない。

本書では、覇道国家アメリカを支える軍事力が弱体化してしまった結果、アメリカが東アジアに築き上げてきた覇権が新興覇道国家中国によって脅かされているという現在の状況において、アメリカの軍事的属国である日本はどうすべきか？　という問いに対する一つの答えを提示する。

その答えとは、上記の文脈に即するならば「日本は西洋覇道国家の盟主アメリカの番犬から離脱し、東洋覇道国家とも一線を画し、いかなる覇道国家にも従属せずいかなる国々とも同盟しない王道国家として生まれ変わる」すなわち「日本はアメリカの軍事的属国から離脱して永世中立国となることにより、完全なる独立国へと生まれ変わる」ということになる。

ただし、中立国の議論にしばしば登場する「非武装中立主義」では再び覇道国家の魔手に絡め取られてしまいかねないため、本書で主張するのは「非核重武装永世中立主義」という策である。そしてこの策が日本にとって好ましいと考えられるのは、非核重武装永世中立国は王道国家となるための可能性を備えているからにほかならない。

日本が軍事的属国である理由

本書が「日本はアメリカの軍事的属国である」と考えているのは、下記のような現状に鑑みてである。

・アメリカ軍の大部隊が日本領域内に永続的かつ一方的（アメリカ軍だけが日本国内に駐留しており、自衛隊はアメリカ国内には駐留していない）に駐留している。
・アメリカ軍は自らの必要に応じて日本領域内に軍事施設や演習場を確保できる。
・アメリカ軍は自らの必要に応じて日本領空や領海を管制することができる。
・在日米軍基地施設の管理権が完全にアメリカにある。
・アメリカ軍関係者（軍人、軍属、コントラクターを含んだ極めて幅広い定義）は日本の入国管理に従う必要がない。

・アメリカ軍部隊は日本当局側に事前許可を得ることなしに、日本領域内を自由に移動できる。

・アメリカ軍と自衛隊の情報交換は平等ではない。

・日本領域内で戦闘状態が生起し、米政府が軍事介入を決断した場合、日本国の軍事組織である自衛隊はアメリカ軍の指揮下に編入される趣旨の密約「指揮権密約」が存在する。

・いわゆる日米同盟の具体的内容を実質的に決定している日米合同委員会のアメリカ側代表はアメリカ軍（駐日公使1名以外はすべて軍人）であり、日本側代表は日本政府（いくつかの省庁から派遣される官僚）である。すなわち軍事占領態勢がそのまま継続している。

・日本政府（とりわけ外務省北米局、防衛省防衛施設庁、そして日米合同委員会に参加している官僚）は、日本で活動（訓練・演習）するアメリカ軍の利益代表機関のような役回りを演じている。

これらの日米間の取り決めは日米安保条約、航空特例法、日米地位協定、日米地位協定

日米安保条約に調印・署名する吉田茂首相（1951年９月、米国サンフランシスコ・米第６軍司令部、写真提供：毎日新聞社／時事通信フォト）

合意議事録、日米合同委員会での決定、それに密約などによってなされており、それらに関しては数多くの書物や論文が解説したり問題点を指摘したり、あるいは秘密合意を発掘（多くはアメリカ公文書館から）しているため、本書ではそれらについてはあえて言及しない。そして、このような多くの日米間の取り決めとそれらに基づいた現状を与件として「日本はアメリカの軍事的属国である」という表現は、現実の姿を正しく言い表しているものとして使用する。

国家主権に鈍感になってしまった

そもそも日本社会は政府や国会それに多くのメディアも含めて、日米安全保障条約下における日米関係（以下「日米同盟」）が半世紀以上にもわたって続いているために、国家主権に鈍感になってしまっている。

たとえば、「日米安保条約」の運用を円滑に行うために締結されている「日米地位協定」（「日本国とアメリカ合衆国との間の相互協力及び安全保障条約第6条に基づく施設及び区域ならびに日本国における合衆国軍隊の地位に関する協定」1960年1月19日ワシントンDCにおいて締結）、そしてより厳密にはその裏マニュアル的存在である「日米地位協定合意議事録」（「日本国とアメリカ合衆国との間の相互協力及び安全保障条約第六条に基づく施設及び区域ならびに日本国における合衆国軍隊の地位に関する協定についての合意された議事録」1960年1月19日ワシントンDCにおいて合意）という2つの国家間取り決めによって、第二次世界大戦後に日本を占領支配していた進駐軍が行使していた治外法権的特権と類似した様々な特権を、日本政府は現在に至るまで日本国内において在日米軍に対して保障し続けている。

にもかかわらず、多くの政治家もメディアもこのような現実には目を背けている。もっとも、日米同盟を盲目的に信じ、米軍戦力に病理的に頼ろうとする日本政府や多くの政治家たちにとっては、日本が見捨てられないために在日米軍関係者に特権を与えることにより、アメリカ軍の「ご機嫌をとる」ことは必要不可欠な〝おもてなし〟なのであろう。

しかし、このような卑屈な対米従属姿勢は、様々な日米間の異常な取り決めに拍車をかけて軍事的属国の度合いを強化しているのである。

アメリカの防波堤の役割を日本に果たさせる

そもそも日米同盟なるものは、アメリカにとっては実に都合のよい同盟関係といえる。アメリカ側にしてみれば、アメリカが第二次世界大戦以降、東アジアに確保した軍事的優勢を維持するため自由に利用できる本拠地を手にし続け、アメリカ製高額兵器の売却先を確保し、万一の場合には代理戦争の戦場となしてアメリカにとっての防波堤の役割を果たさせるために機能するからだ。

おまけに、対日戦争勝利後の占領態勢の延長を図るための日米同盟というレトリックに政府や大多数の政治家、それにメディアの多くも頼りきる状態が半世紀以上も続いたため、日本では日米同盟に対しては思考停止状態に陥っている。そのため、日本にとっては火薬庫のような同盟関係を、日本が軍事侵攻を受けた場合には「アメリカは日本を守るという義務を果たしてくれる」と日本側から理解しており（あるいは思い込もうとしており）、アメリカにとっては笑いが止まらない状態だ。

日本では「日米安保条約によって、日本は日本に駐留するアメリカ軍のために土地の提供などの義務を負っているが、万一、日本が軍事攻撃を受けた場合には安保条約第5条によって『防衛義務』を負っている〝世界最強のアメリカ軍〟が日本を護ってくれる」というイメージが浸透している。しかしながら、このように「防衛義務」を理解する姿勢は極めて危険である。

アメリカの考える防衛義務は「軍事的支援」だけの可能性

日米安保条約は国家間の「契約」である以上、権利と義務を相互に交換する内容になっている。日本の権利すなわちアメリカの義務は第5条が根拠となっており、アメリカの権利すなわち日本の義務は第6条が根拠となっている。そして、それらの権利・義務の詳細は「日米地位協定」や「日米地位協定合意議事録」で規定されており、さらに日米合同委員会などによってより具体的な事項についての合意がなされている。

・日米安保条約第5条：アメリカの義務
日本に対して「日米共通の軍事的脅威に対処する行動」を提供する。

・日米安保条約第6条：日本の義務
アメリカに対して「基地や飛行場をはじめとする軍事施設や演習場などを設置する土地とアメリカ軍が日本に駐留するために必要な諸権利」を提供する。

日本では「防衛義務」と呼ばれているアメリカの義務は、アメリカでは「security commitment」と呼ばれており、日米安保条約が定めている一定の条件下で、アメリカが果たすべき義務と理解されている。たしかに「security commitment」は「防衛義務」とも直訳できるが、日本側とアメリカ側で認識されている意味合いは大きく異なっている。

日本で一般的に認識されている日米安保条約によるアメリカの「防衛義務」とは、下記のようなシナリオを想定しているものと考えられる。

「日本が外敵に軍事攻撃され、自衛隊だけでは撃退できない場合には、アメリカが強力な支援軍を送り込み日本を攻撃している外敵を蹴散らして、日本を防衛する」

日本社会にこのようなシナリオが浸透している結果、日米安保条約が存在する限りアメリカが「防衛義務」を負っているのだから「万が一の場合には〝世界最強〟のアメリカ軍が日本を護ってくれる」と多くの日本国民はイメージすることになる。少なくとも、そのように期待したい、と思っていると考えられる。

それでは、アメリカは「security commitment」をどのように理解しているのであろうか。軍事的視点から考えると、「軍事的脅威に対処するような行動」には日本側がイメージしているような戦闘行動も含まれていないわけではないが、それ以外の日本に対する様々な形での軍事的支援も含まれる。

というよりは、日本を軍事攻撃している勢力との交戦より、監視衛星などによる偵察情報の提供、武器弾薬や燃料医薬品などの補給、軍事顧問団による作戦指導、など直接的戦闘以外の軍事的支援活動を提供する可能性のほうがはるかに現実的といえよう。

実施はアメリカ国民の世論動向しだい

なぜアメリカ側はこのように考えるのかというと、アメリカが「security commitment」

を実施する場合には、アメリカ憲法の規定ならびに諸手続に従うべきことを日米安保条約第５条は謳（うた）っているからだ。

すなわち、アメリカの日本に対する軍事的支援活動の具体的内容は、アメリカ軍自身が決定できないことはもちろん、大統領をはじめとする米政府の意向だけによって決定されることはなく、最終的には連邦議会によって決定されることになる。ということは、アメリカ国民の世論動向が、日本に対する「security commitment」の内容を決定する最大の要因になることを意味している。

もちろん、日米安保条約が存続している限り、アメリカが日本に対して何らかの形での「security commitment」を提供すること自体に反対する世論はほとんど見当たらないであろう。なぜならば、アメリカの国民性は契約違反を極端に嫌うからだ。もし日本支援のために全く何の行動も起こさなかった場合には、アメリカが日米安保条約上の契約に違反することになってしまう。これはアメリカ側としては何としてでも避けねばならない状態なのだ。

誰もが知らない極東の小島での軍事衝突

たとえば、中国が与那国島を占領してしまったとしよう。上記のように日米安保条約が存在している限り、アメリカは日本に対して「security commitment」を提供する。ここまでは確実だ。しかしその内容はというと、日本側がイメージしているような「自衛隊を支援し、中国軍を撃破するための強力な戦闘部隊を派遣して与那国島から中国軍を駆逐する」となるかどうかは不確実である——というよりは、実現可能性はゼロに近い。

なぜならば、ほとんどのアメリカ国民がその名前を耳にしたこともない東シナ海に浮かぶ小さな島を巡って日本と中国が軍事衝突したとしても、アメリカの国益を左右する事態である、と認識するアメリカ国民はほとんど存在しないからだ。そのため、日本の小島を奪還するために直ちに支援軍を派遣しようという世論は生じない。

何といっても、いかなる規模の戦闘といえども、アメリカ軍将兵に死傷者が生じてしまうのである。まして交戦相手が中国軍となれば、米中戦争や第三次世界大戦まで想定しなければならない。そのような危険を冒してまで、アメリカ人の誰もが知らない極東の小島での軍事衝突程度で、中国侵攻軍撃退のための大規模戦闘部隊を日本に派遣することに賛成するアメリカ国民はほとんど存在しない。したがって、アメリカ連邦議会が日本に対する支援軍派遣を承認することはありえないと考えるのが至当である。

しかしながら、アメリカとしては条約上の義務を果たさなければ契約違反になってしまう。そのため、米中戦争に発展する恐れのない範囲での日本に対する「中国軍との直接戦闘以外の軍事的支援活動」を提供することになる。たとえば、弾薬保有量が極めて貧弱な自衛隊に対して、短射程ミサイル、砲弾、機銃弾などを補給するといった程度の軍事的支援ならば連邦議会も承認するし、アメリカの軍需産業も儲かるため、米国内世論の反発はほとんど生じないであろう。

異常なる〝片想い〟の同盟

このように、日米安保条約第5条が規定しているアメリカが果たさなければならない「security commitment」は、同盟国日本が直面している情勢を把握し、分析しつつアメリカ合衆国憲法、国内諸法令、それに様々な手続きに則(のっと)ってどのように対処するのかを決定するところまでである。

そして、そのようなアメリカ当局による意思決定の内容――たとえば日本に援軍を派遣し、侵攻軍との戦争に突入する：日本に武器弾薬の供給は行うが、侵攻軍との直接対決は避ける：日本には軍事的情報を可能な限り提供するにとどめる——までが第5条によって具体的に規定されているわけではない。

要するに、日米安全保障条約によりアメリカが負っている「security commitment」は、日本側が考えている「防衛義務」に抱いているイメージとは大きく異なっている。そしてアメリカ側の理解こそが、国際的には軍事常識に合致しているのだ。

したがって、日本で用いられている「防衛義務」という表現が「日本有事に際して、日本救援軍を派遣し、敵を撃破する」というようなシナリオをイメージしているのならば、「日米安保条約はアメリカに『防衛義務』を課している」とはいえないことになる。

安保条約に日本側が期待している「防衛義務」の問題一つをとっても、日米同盟に対する日本側の期待は、ある意味手前勝手な希望的期待であって、あたかも〝片想い〟のような同盟関係といえよう。もっとも、日米同盟は外交レベル的には対等な独立国間の同盟ではなく、占領統治時代の残骸が制度的に残っているため、占領国的特権意識を有するアメリカと、アメリカに敗北してからこのかた卑屈なまでにアメリカにへつらい、軍事的属国状態を国辱とも思わず嬉々として番犬に成り下がっている日本との間の異常なる同盟である以上、片想い的同盟関係という姿はやむをえないのかもしれない。

「反米」でも「親米」でも「親中」でもない立場から

「日米安保条約」や「第5条」はもとより「日米地位協定」や「日米地位協定合意議事録」が抱える深刻な問題点は、しばしば反米軍基地論者や反戦平和主義者などによって指摘され、糾弾されている。しかしながら米軍関係者の本音が耳に入ってくる著者の立場としては、それらの人々とは全く異なった目的のために、すなわち非核重武装永世中立国としてアメリカの軍事的属国から独立を果たす、という目的のために、日本がアメリカの軍事的属国であるという現状を直視しなければならないと考えているのである。

日本では、日米同盟に異を唱えると安易に「反米」のレッテルを貼られがちである。しかしながら、本書の立場は「反米」でも「親米」でも「親中」でもなく、強いていうならば、ただたんに「日本の国益と日本の軍事的安全」だけを尊重する「日本最優先」ということになるであろう。すなわち日本の国益のみ尊重し、他の国々に関しては中立、常に日本の国益の観点から考察し、他の国の国益の観点からは考察しない、ということになる。

日米同盟から離脱する理由

強力な軍事力を背景にした覇権主義的パクス・アメリカーナが有効な期間中であれば、歴史ある日本という国家や日本民族としての誇りに〝本気で〟こだわらない限り、「日米同盟強化」との掛け声の下、アメリカの軍事力にすがりつき、アメリカの旗の陰から虎の威を借りて中国やロシアや北朝鮮と対峙(たいじ)し、アメリカの軍事的属国としての惨めな状態に目を向けずに、国際社会に恥を晒(さら)しつつ疑似独立国として生きながらえることが可能であった。

しかしながら、状況は激変している。すなわちパクス・アメリカーナは沈没しつつある。とりわけアメリカの海洋軍事力が弱体化するのと反比例するように強力な海洋軍事力を構築している中国が軍事的優勢を掌握しつつある東アジア地域においては、アメリカが日本を打ち破って以来手にし続けてきた東アジア地域での軍事的覇権は風前の灯(ともしび)と化しつつあるのだ。それゆえ、本書では日本はいまこそ日米同盟を離脱してアメリカの軍事的属国から真の独立国として生まれ変わらねばならない、と主張するのである。

もちろん、アメリカが弱体化してしまったから、アメリカよりも強い新たな覇道国家に尻尾を振って擦り寄り、番犬にしてもらうのではない。

アメリカは弱体化してしまった自らの軍事力を中国を抑え込むことができるレベルにまで引き上げる間の時間稼ぎとして、日本をはじめとするアメリカの軍事力に依存する国々を防波堤、弾除け、尖兵として最大限利用しようとしている。

現に、中国脅威論を喧伝してそれらの国々の軍拡を煽り立て、アメリカ製高額兵器の売り込みに余念がない。このようなアメリカの戦略に組み込まれると、アメリカが中国を封じ込めるのに成功しても、逆に失敗しても、ともに日本の国益は大打撃を受けることは確実だ。そして日本の国際的地位は、アメリカの軍事的属国以下の地位に転落してしまう。日本が、軍事力が弱体化してしまったアメリカの覇権回復のための捨て石とならないために、今こそ日米同盟を離れて覇道国家アメリカの番犬を辞さねばならないのである。

戦場となり、弾除けとして用いられる

もしも、現状を維持して日本がアメリカの軍事的属国状態から離脱しようとせずに、軍事力が弱体化してきたアメリカに盲目的に付き従っていると、アメリカが軍事力を強化して中国を軍事的に封じ込めようとしている期間を通して、日本はアメリカの覇権を再構築

するための捨て石として利用されてしまうことは目に見えている。

たとえ、軍事力を再強化したアメリカが中国を打ち破り、東アジア地域での覇権を取り戻したとしても、それまでの間に戦場となる日本は甚大な人的物的損害を被り、国土は荒廃し、国力は枯渇するであろう。そしてアメリカは第二次大戦後のように衰弱した日本を〝支援〟して復興させることにより、日本は現在以上にアメリカの属国となるのである。

もし、アメリカの東アジア地域での覇権復活の企てが失敗した場合には、ベトナム戦争やアフガニスタン戦争のように覇権維持のための戦闘から離脱してしまうアメリカは日本を捨て去り、東アジアから撤収してしまえばあとはどうでもよいのだが、当然ながら日本は逃げ去ることはできない。その間に戦場となり、弾除けとして用いられた日本の損害はさらに悲惨な状況となるのに加えて、アメリカの傀儡(かいらい)・手先として恨みを買うことになった日本は東アジア新秩序においては〝ゴミクズ〟のような地位にとどまることになってしまう。

いずれにせよ、軍事力が弱体化したアメリカに病理的に従属しているということは、日本が破滅の途を突き進んでいることを意味している。したがって、今一度繰り返すが、今こそ、アメリカへの異常な追従姿勢を捨て去り日米同盟から離脱するタイミングが訪れたのだ。

日米同盟から離脱する方法──永世中立主義国家としての再出発

日本がアメリカの軍事的属国からどのような方策によって離脱し、完全な独立国家になるのかが本書の主題であり、第2章、第3章、第4章に記述した。本論に入る前に、その方策の大まかな流れを記しておきたい。

アメリカの軍事的属国状態から脱却し、少なくとも（複数の歴史的資料に裏付けられているという意味で）１３００年以上もの歴史ある完全なる独立国として再び立ち上がるには、何はともあれ日米同盟から離脱することが肝要である。たとえば、日米安保条約、日米地位協定、その他の取り決めなどの改定では独立国にはなれない。なぜならば、いつまでもアメリカの軍事力にすがりつき、頼りきる姿勢が政官界や多くのメディア、それに大多数の日本国民の意識に沈着したままになってしまうからだ。

もちろん軍事的にはアメリカに頼り切っていた片肺飛行の国が自立するのには大いなる困難が伴うが、アメリカに代わる〝保護者〟や〝保護集団〟を求めては再び独立は達成できない。そのため永世中立主義（軍事的な非同盟主義）を国是とせねばなるまい。日本が伝統ある独立国として復活を遂げる唯一の手段は、日米軍事同盟を離脱して永世中立主義を国是として掲げる国家として再出発するにある。

永世中立主義を貫くには、優秀なる外交能力が必要なのはもちろんであるが、強力な軍事力も必要不可欠となる。

たしかに、覇道国家の番犬という立場を返上した永世中立国日本はアメリカの捨て石として利用されたり、アメリカの戦争に巻き込まれる恐れがなくなるため、軍事攻撃を被る可能性は格段に減少する。しかしながら、軍事的保護国もなくいかなる軍事同盟にも加わらない永世中立国といえども、国民も領土も領海も有する独立国家である以上、自衛のための軍事力を保持するのは国家の義務といえよう。そしてその軍事力は、日本が海洋国家であるゆえに、海洋国家の伝統から導き出された海洋国家防衛原則に立脚した、必要最小限の規模ながらも精強な軍事力でなければならない。

それだけではない。永世中立国として国際社会に認められるには永世中立国が果たさなければならない義務がある。そしてその中立義務の中には、軍事力を行使してでも果たさねばならないものも少なくない。したがって、国際社会において名実ともに永世中立国としての地位を確実なものにするためには、中立義務を遵守するための軍事力が必要とされているのである。

覇道国家の悪行に物申す王道国家へ

永世中立国としての日本が、このような自衛のための軍事力と、中立義務を履行するための軍事力を手にするとなると、現在の防衛省自衛隊とは組織の構成や戦力の割合などは大きく違った姿になるものの、少なくともより重武装が求められる。重武装といっても、むやみに巨大な軍事力を構築するのではなく、四囲を海で囲まれた日本にとって必要不可欠な最先端海洋戦力を主軸に据えた少数精鋭の軍事システムによる武装を意味する。

現時点では核兵器が最強の破壊力を有する兵器ではあるが、永世中立国である日本の重武装には核兵器は必要不可欠というわけではない。いくら永世中立主義に立脚するとはいえ、日本が核兵器を手にするには数々の厚く高い壁が立ちふさがっており、道義的にも外交的にも技術的にも日本の核武装は下策といえるからである。

以上のような理由により、本書で提示する永世中立主義は非核重武装永世中立主義、ということになる。そして、日本が非核重武装永世中立国として国際社会に認められた暁には、国際社会をかき乱す覇道国家の群れとは一線を画するだけでなく、覇道国家の悪行に対して武力ではない方法をもって物申す王道国家となりうる可能性が生ずるのである。

第1章

覇道国家アメリカの衰退

ロシア・ウクライナ戦争に見るアメリカの覇権維持戦略

2022年のロシア軍によるウクライナ侵攻によって（そして、より長期的には2014年のロシアによるクリミア併合によって）勃発（ぼっぱつ）したロシア・ウクライナ戦争は、戦史分析において現在進行形的な歴史事例ともいえる。そのロシア・ウクライナ戦争へのアメリカの関わり方を分析することによって、「現在のアメリカ」の「覇権維持のための姿勢」を読み取ることができる。

■覇権維持戦略❶ 軍事的依存国を「使い捨て」にする

ロシアによる本格的なウクライナ侵攻が勃発する以前より、アメリカはウクライナに対する軍事的支援すなわち兵器や軍需物資の供与などを強化して、ウクライナ軍・民兵組織の戦闘能力の強化に努めていた。そしてロシアのウクライナ侵攻後には、アメリカがウクライナに対する軍事支援を強化したため、主要軍需企業の株価はウクライナ侵攻直後から跳ね上がった。

軍需産業が潤（うるお）うという経済的利益が、アメリカにとって何よりの国益になっていることはいうまでもないが、これまで培ってきた同盟国や友好国に対して「自由世界、民主主義勢力の指導国」として振る舞ってきた優越的立場を傷つけないこともまた、重要なアメリカの国益保護である。

そのため、アメリカはＮＡＴＯ（北大西洋条約機構）諸国やヨーロッパの友好国に対しても「ウクライナの次は周辺諸国も危険になる」との恐怖を植え付ける情報戦を強化した。また、アメリカはプーチン政権が最も警戒し、嫌悪しているウクライナのＮＡＴＯ加盟の動きを促進するような姿勢を示すことにより、プーチン大統領を苛立たせた。

実際にロシア・ウクライナ戦争が勃発したため、これまで「21世紀の今日、ヨーロッパの地において、まさか現実に血なまぐさい軍事侵攻など起きはしないだろう」と楽観的に考えていたＮＡＴＯ諸国やＮＡＴＯ非加盟諸国の間にも、ＮＡＴＯの軍事力に対する期待値が急激に高まった。その結果、永世中立政策を取ってきたスウェーデンやフィンランドも、ついに永世中立主義を放棄してＮＡＴＯに加盟する道を選んだのである。

同様に、現実に生起したロシアによるウクライナ侵攻を、中国による台湾侵攻や南シナ海の軍事的支配確立、尖閣諸島の奪取、それに北朝鮮の核ミサイルなどと結びつけて、台湾はもとより、日本やフィリピンや韓国といった軍事的依存国へ恐怖心を植え付け、アメリカの軍事力に縋るように、具体的にはアメリカ軍とのインターオペラビリティ（相互運用性）強化という名目下でのアメリカ製高額兵器システムの売り込みや、米軍がそれらの国々の領域を自由に使用できるように、仕向けているのである。

アメリカは自ら本格的な戦闘に参加しない

国益維持のためにもう一つ重要なのは、アメリカ軍自身は極力、戦闘には参加しないという大原則を維持することである。

アメリカはウクライナに対して大量のジャベリン対戦車ミサイルやＨＩＭＡＲＳ高機動ロケット砲システムやＭ７７７榴弾砲（りゅうだんほう）といった致死兵器システムや弾薬類、それに装甲兵員輸送車や輸送ヘリコプターやパトロールボートなどからユニフォームに至るまで多種多様な軍事支援をなしており、その額も巨額に上っているわけであるが、ウクライナ側がロシア領内深くを攻撃できるような兵器の支援は行っていない。

要するに、ウクライナ側がロシア領内に突入するような事態に立ち至れば、ロシアの侵攻はよりエスカレートし、周辺諸国にまで戦域が拡大しかねなくなる。その結果、ＮＡＴＯ諸国が防衛戦とはいえ戦闘に巻き込まれることになり、ＮＡＴＯのリーダーであるアメリカは大規模な兵力を直接投入せざるをえない状況に立ち至る。

アメリカとしては、自らが本格的な戦闘に参加するような事態だけは絶対に避けねばならないため、ウクライナへの軍事支援は戦域をウクライナ国内に封じ込めておくための範囲に限定しているのである。

以上のような「ウクライナの人々の自由と民主主義を防衛する」との美名のもとにアメリカが実施している大規模なウクライナに対する軍事支援は、下記のようにまとめることが可能であり、一皮むけばアメリカは自国の国益を維持し、覇権維持戦略を達成するためにはウクライナのような軍事的依存国を使い捨てにすることを厭(いと)わないことが如実に示されているのである。

(1)アメリカの強力な軍事支援なしには、ウクライナはロシア侵攻軍と戦闘を継続することはほぼ不可能に近いため、アメリカとしてはウクライナに対してウクライナ領内での迎撃戦闘用の兵器・軍需物資を大量に投入する。その結果、ウクライナにおける果敢な〝祖国防衛戦〟は長期化し、ロシア軍も大いに疲弊するが、ウクライナにおける惨状も激化する。しかしながら、アメリカの軍需関連産業は潤うことになる。

(2)ウクライナでの戦闘が長引けば長引くほど、またウクライナにおける惨状がひどければばひどいほど、ヨーロッパの多くの国々におけるロシアに対する反感が高まるとともに、NATOの軍事力を期待するようになる。その結果、ヨーロッパ地域でのアメリカの軍事的覇権が維持・強化され、反対にロシアの国際的地位は大きく低下する。

(3)NATO諸国には集団的自衛権に基づく防衛義務が明文をもって課せられているため、アメリカ自身のみならず、NATO加盟国が直接攻撃を受けるような事態は絶対に避ける。その結果、アメリカ軍が直接的に戦闘に参加することはなくなる。当然ながら、アメリカ軍には戦死傷者や物的損害は生じない。悲惨な戦禍を直接被るのはウクライナの人々に限定され、直接大量の難民が流入するのはウクライナ周辺諸国が中心となる。

このように、アメリカがロシア・ウクライナ戦争で採用した国益維持伸長戦略――「ウクライナ方式」と名付けよう――は現実主義的観点から、アメリカの国益にとってまさに素晴らしい戦略なのである。

「親台湾・反中国」感情を流布させようと躍起に

ロシアによるウクライナ侵攻以前から、アメリカが国際社会に向かって警告を発し続けている中国による台湾侵攻に目を移すと、上記の「ウクライナ方式」が繰り返される前提条件が揃(そろ)いつつある。

すなわち、以前よりアメリカによる台湾への武器輸出は継続されていたが、中国の海洋軍事力の飛躍的強化にようやく本腰を入れて危機感を示し始めたトランプ政権によって、台湾への軍事支援は質的に強化されることとなった。

いまだに正式な米軍の軍事顧問団や教導部隊が台湾に公式に常駐しているわけではないが、軍事組織レベルのアメリカと台湾の交流はよりアップグレードされている（たとえば、かつてはホノルルに駐在する台湾軍武官などが太平洋艦隊司令部ほか米軍各司令部を訪問するときに軍服を着用することは認められていなかったが、現在は軍服を着用し、外国正規軍の軍人としての扱いを受けている）。

対ロシアでは、NATOというロシアに対抗するための既存の枠組みが存在したが、そのような仕組みが存在しない対中国では、日本やオーストラリア、韓国、フィリピンなどのアジア太平洋地域の同盟国やインドまでをも巻き込んで対中国牽制網を構築して、ウクライナ情勢のように「親台湾・反中国」感情を幅広く流布させようと躍起になっている。

そして「ウクライナ方式」の眼目ともいえる「アメリカ自身は直接的にはいかなる戦闘にも参加しない」という条件についてであるが、下記のような状況のため、少なくともバイデン政権は、中国による台湾侵攻が現実化しても、アメリカ軍が中国軍と直接戦闘を交えてでも台湾防衛戦に参加する意図は持っていないことが明らかである。

台湾問題を巡って、アメリカが中国と通常兵器レベルにおいて交戦することになった際には、台湾が完全な島国であるため、海洋での戦闘が中心となる（もちろん、現代戦においてはサイバー戦力による対決があらゆる伝統的武力衝突の帰趨を左右することが大前提となっているため、海洋戦といった場合でもサイバー戦が包含されている）。

海洋での戦闘ということは米海軍が中心となるが、米軍は日本に航空基地を有しているため、米空軍も米海軍航空部隊と共に投入されることとなる。

ただし中国軍は、東シナ海や南シナ海を中国に向かって侵攻してくる敵の艦艇や航空機をできるだけ中国から遠方の海洋上で撃破するための「接近阻止戦力」を徹底して強化している。とりわけアメリカ海軍の表看板である空母艦隊の接近を阻むため、航空母艦を沈める能力を持った中国軍の各種長射程ミサイル戦力が世界最強であることは、米軍当局自身も認めている。

対中戦闘に必要な海軍艦艇数が「減少」している

アメリカ海軍は、第二次世界大戦以来の伝統となっている空母中心戦略は、中国軍相手には甚だ危険になってしまったと考え始めている。なぜならば、もし空母が中国軍の極超音速滑空飛翔体や対艦弾道ミサイルなどによって撃破されてしまった場合、3000名ほどの将兵や80機程度の航空戦力を一瞬にして失うだけでなく、世界中を睥睨してきた〝世界最強〟の超高額原子力空母を撃破される、という米海軍そしてアメリカ軍始まって以来の最大の悪夢に見舞われてしまうからだ。

そこでアメリカ海軍は、空母艦隊を中国軍のミサイル攻撃から比較的安全な沖縄よりはるかグアム寄りの後方海上に展開させ、南西諸島周辺海域には攻撃力を強化した中型戦闘艦（フリゲートや沿海域戦闘艦）を多数展開させる戦略に転換しようとしている。これによって、中国軍の攻撃目標を分散させることができ、万一いくらかの艦艇が撃破されても、失う戦力を極小に留めることが可能になる。そのため、ともかく軍艦数を可及的速やかに増加させなければならないのである。

ところが、バイデン政権下で作成された2023会計年度海軍予算案によると、対中戦闘に必要となる海軍艦艇数は増加するどころか減少することになってしまった。たしかに、海軍予算要求額は前年度と比較して5%の増加となった。しかし軍艦の数に関しては、9隻の軍艦を購入し、24隻を退役させることになっている。つまり米海軍艦隊は15隻縮小されることになっているのだ。

戦闘の勝敗は数だけでは決まらない、という声もあるが、新鋭高性能艦艇を驚くべきスピードで生み出している中国海軍が相手の場合は、近代化されている軍艦の「数」は「質」と同様、あるいはそれ以上に重要なファクターとなる。

アメリカ海軍の再興を標語にしていたトランプ政権の時期には、アメリカ海軍では新鋭軍艦を可及的速やかに大増産するとともに、海軍メンテナンス施設・民間造船所の老朽化が進んでいるため、ロジスティックス態勢も近代化を急がなければ太刀打ちできなくなってしまう、との分析に基づいて、355隻艦隊の建設という方針が打ち出されたのであった。

ところがバイデン政権は、艦艇数の削減に舵を切ってしまった。ということは、米海軍にとっては台湾有事に際して中国軍と対決しようとしても、初めから戦力不足が判明している戦争に突入するわけにはいかなくなってしまうことになる。

もちろん、この程度の簡単な論理はバイデン大統領自身も百も承知であろう。ということは、口先では「中国が台湾を軍事攻撃した場合には、軍事支援も含めてあらゆる支援をなし、台湾の民主主義、そして世界中の民主主義と自由世界を圧政主義から守り抜く」と公言しているバイデン政権には、実のところ本気で中国と軍事衝突する気はないことが明らかである。

アメリカ軍の損害は皆無

とはいってもロシア・ウクライナ戦争のように、アメリカ軍自身を中国軍との戦闘に投入しなくとも、中国による台湾侵攻によってアメリカが自らの国益を伸長させる可能性は十分に存在している。すなわち、上記の「ウクライナ方式」を台湾にも適用すれば、じつはアメリカの国益はしっかりと確保されることになるのだ。

第一に、ウクライナ同様に台湾もアメリカによる軍事支援がなければ軍事侵攻に抗することはできない。そのためアメリカは、侵攻が現実化する前より台湾への軍事支援を強化し続けて台湾の戦力の強化に最大限尽力する。すでにトランプ政権時代に質量ともに強化されているが、今後はより加速されるであろう。これにより、アメリカの軍需産業は大いに潤うことになる。

ただし実際に戦闘が開始された場合、アメリカとしては可能な限り武器弾薬の補給を続けたいところである。だがウクライナの場合と違って、周囲を中国海洋軍事力によって取り囲まれている小さな島国に、戦闘中の補給を続けることは至難の業である。そのため、開戦以前に可能な限りの兵器システムを供与してしまい、利益を手にしておく必要がある。

第二に、中国の軍事的脅威を東アジア諸国に宣伝する情報戦・プロパガンダ戦を展開することにより、アメリカの同盟国はアメリカの軍事力の必要性を再認識するようになる。実際に侵攻が開始されたならば、その認識は格段と強化される。同じく情報戦・プロパガンダ戦によって「台湾＝正義、中国＝非道」という図式を東アジアはもとより、国際社会に流布させ、戦争の結果の如何(いかん)にかかわらず、中国の国際的地位を大いに貶(おとし)める。アメリカとしては、国際社会における中国の勢力を何としてでも低下させたいのである。

第三に、上記のように中国と直接的に軍事衝突してまで台湾を防衛する意思のないアメリカ政府は、戦闘艦隊も航空戦隊も派遣することはない。したがって、ウクライナ戦争と同様にアメリカ軍の損害は皆無であり、戦闘の惨状は中国の攻撃を直接被る台湾島内に限定されることになる。台湾で発生する避難民（多数の日本国民も含まれる）は、直接的には隣接している日本とフィリピンに向かうことになる。

■覇権維持戦略❷アメリカが掲げる政治的理念は表看板でしかない

ロシアによる本格的なウクライナ侵攻が開始される以前にウクライナ領内のロシア系勢力による独立の動きを、ロシア政府は民族自決の原則を持ち出して支援していたが、ロシアの論理をアメリカは全面的に否定する姿勢を示した。これはロシアによるクリミア併合以来一貫したアメリカの外交的立場であり、何も今回のプーチン政権によるウクライナ侵攻の動きが表面化して以降のものではない。

ただし、ウクライナにおけるロシア系独立運動に対抗する最大の武装勢力であるネオナチ系民兵組織やウクライナ正規軍（国家警備隊）の一部隊であるアゾフ連隊などに対しては、アメリカ軍内部でも問題視する論調が根強かった。そのため、ウクライナにおけるロシア系独立運動をロシアによる侵略工作と単純に見なして、ゼレンスキー政権を一方的に支持することは、ネオナチ勢力の存在と白人至上主義に基づいた排他的軍事行動をも支援することになる、としてバイデン政権のウクライナ政府に対する全面的支援に反対する論調も少なくなかった。

しかしながら、バイデン政権と政権を支持するアメリカ大手メディアは、ネオナチの問題は無視する形で、今回のウクライナ戦争はロシアによる侵略戦争以外の何物でもなく、プーチン大統領によるロシア―ウクライナ関係史の捏造（ねつぞう）とプロパガンダ、それに民族自決の理想を悪用してロシア系ウクライナ住民を利用したロシアによる侵略工作が、戦争の原因となっているとして、侵略戦争の被害者であるウクライナ国民、ただしゼレンスキー政権率いる陣営のウクライナ国民を軍事的に支援することを正当化した。

要するにアメリカ政府は、ロシアとウクライナの対立という場以外であったならば、大いに問題視し、支援することなどありえないネオナチの問題をあえて不問に付し「敵の敵は味方」の論理を優先させた。かつて日本との戦争の際にも、日本よりも非民主的国家であり、何といっても共産党独裁というだけでなく、スターリンによる恐怖政治が敷かれていたソ連とアメリカは同盟して日本にソ連を侵攻させた。

このように、アメリカは戦争に際して民主主義を守るだの自由世界を守るだのと表看板を掲げて、あたかも正義のための戦争を遂行するかのごとき姿勢を取る。しかしその内実は、あくまでもアメリカ自身の国益追求であり、アメリカが掲げている表看板などじつはどうでもよいということを、今回もネオナチ問題を完全に無視したバイデン政権の姿勢が如実に物語っているのである。

日本社会に根付いた白人崇拝主義

話はそれてしまうが、日本政府や日本の大手メディアも、ウクライナにおけるネオナチ問題をロシア側によるプロパガンダやデマにすぎないと簡単に片付けてしまったようである。

ネオナチ的な組織として名を馳(は)せているアゾフ連隊をはじめとするウクライナのネオナチは、とりわけ強固な白人至上主義で悪名が高い。にもかかわらず、非白人国の日本が、ネオナチの問題に目を向けることなくゼレンスキー政権を全面的に支援するというのは、かつてヒトラーのナチスが振りかざした白人至上主義に目を背けて同盟したのと全く同じだ（日独伊三国同盟下における日本では、ヒトラーの『我が闘争』内の白人至上主義に基づいて東洋人を蔑(さげす)む部分は検閲で墨塗りされ、抹消されたうえで翻訳出版されたのであった）。

これは、明治維新以後の近代化すなわち西洋化の過程で日本社会に根付いた白人崇拝主義と連動した、日本・日本人を西洋・白人と同列に置きたいという願望が日本社会に幅広く浸透している帰結であり、白人至上主義など日本には無関係であると考えたいがために、かつてのドイツのナチスや現在のウクライナのネオナチなどの白人至上主義から目を背けてしまうと解釈することができる。

これまでの日本による軍事的な国際貢献の経験から演繹(えんえき)するならば、日本政府はロシアやウクライナを巡る歴史的背景の精査や、ロシアによるクリミア併合以降の情報の収集・分析などに基づいた独自の意思決定努力を経ることなく、日米同盟を少しでも傷つけたくないというアメリカの意向を忖度(そんたく)する伝統的な従属姿勢によって、アメリカの方針にただただ迎合しながら、日本国民には軍事支援ではないように映る限度における軍事支援を実施する方針を決定したのである。

■覇権維持戦略❸「核の恐怖」で同盟国や周辺諸国の不安を煽る

ロシアは核兵器を保有しているため、「ロシアにとって最悪の局面に至った場合には核兵器の使用もありうる」との威嚇を暗示することは何ら不思議ではない。しかし当然のことながら、非核保有国であるウクライナがロシアに核攻撃を仕掛けてくるわけでもないし、ウクライナがロシアに侵攻してくる実力もない以上、核保有という事実による威圧だけで十分である。

一方、人類史上唯一の核兵器使用国であるアメリカは、ロシアが核兵器、おそらくは戦術核兵器を使用するという恐怖感を、ウクライナはもとよりNATO諸国やヨーロッパ諸国、それに日本などの同盟国に浸透させる努力を続けている。

「ロシアのような自由世界の敵である国は核兵器を現実に使用するかもしれない」という恐怖感を、ＮＡＴＯ諸国やヨーロッパのＮＡＴＯ非加盟国などに植え付けることにより、トランプ政権時代に結束が弱体化してしまったＮＡＴＯの再構築を図るとともに、これまで永世中立主義を保ってきたスウェーデンとフィンランドのＮＡＴＯへの加盟を促進させたのである。

また、核使用をロシアだけでなく、中国や北朝鮮ともオーバーラップさせることにより、日本や韓国などへの弾道ミサイル防衛兵器の販売拡大を画策し、日本や韓国やフィリピンなどの同盟国がアメリカとの同盟関係をより一層頼みにするよう仕向けているのである。

もっとも、アメリカが「ロシアが核兵器を使いかねない」と警告を発しているのは全く出鱈目（でたらめ）を言っているわけではない、という側面もある。いかなる国家といえども、他国の行動を自国の視点から推測しがちである。

最もロシアに核を使ってほしくないのはアメリカ

第二次世界大戦において、頑強に抵抗する日本軍との戦いでアメリカ自身の損害を抑えるために、死に体に瀕(ひん)していた日本に対して二度も原爆攻撃を敢行した経験のあるアメリカは、ロシアもアメリカ同様に、膠着(こうちゃく)状態に陥った戦局を打開するためにはダメ押し的にでも核兵器を使いかねない、と危惧しているために「核使用の恐怖」を盛んに言い立てている、とも考えられる。

とはいっても、ウクライナ戦争において最もロシアに核を使ってほしくないのはアメリカである。もしロシアがウクライナで核を用いたならば、NATOの軍事支援もステップアップせねばならないし、何よりも、NATOの指導国としてアメリカ自身がロシアに対する核反撃態勢をも含めて、極めて強固な姿勢を示さなければならないからだ。

実際にアメリカは、ロシアが核兵器を投入する可能性を高めてしまいかねない長射程巡航ミサイルなどをウクライナへ供与しようとはせず、たんにウクライナ国内での徹底抗戦を長引かせることを可能にする兵器の供与を継続している。要するに、ロシアの核使用を警告し、喧伝しまくっているアメリカこそが、ロシアに核を用いてほしくないと最も強く願っているのである。

不安を煽り自らの覇権を維持しようとする

そもそも、今回の戦争が勃発した直後からロシアによる戦術核の使用に関しては危険視されていた（アメリカが不安感を流布・浸透させていた結果とも考えられる）。だが、これまで（2024年1月）のところロシア側は予想以上に苦戦しているにもかかわらず、その程度の苦戦打開のために戦術核の使用ないしは実戦的使用準備はなされていない。要するに核兵器使用のハードル（閾値）は、戦術核兵器といえども現実的にはかなり高いものであることが再確認されている状態なのである。

したがって、現在進行中のロシア・ウクライナ戦争において、核兵器は核保有国による非核保有国に対する威嚇よりは、核保有国間の牽制にこそ効果を発揮することが（理論ではなく）目に見える形で示されているのだ。

そして、核兵器が実際に使用されるかもしれないという「核の恐怖」を盛んに宣伝することにより、NATOの結束を再び強化することに成功しただけでなく、スウェーデンとフィンランドに中立主義を捨てさせてNATOに引き入れることにも成功した。すなわち、皮肉なことにロシアよりもアメリカのほうが「核の恐怖」を効果的に利用しているのである。ここから、核兵器が使用されるかもしれないという「核の恐怖」によって同盟国や周辺諸国の不安を煽り自らの覇権を維持しようとする、というアメリカの姿勢が読み取れるのである。

ただし、ロシア軍による戦術核兵器の使用に関してはロシア・ウクライナ戦争が現在（2024年1月）進行中の戦争である以上、明日事態が急変し、アメリカが戦略を大きく転換させる可能性は存する。

「核の恐怖」の日本への適用

ロシア・ウクライナ戦争における核使用（不使用）の現状を日本に当てはめると、どのように解釈しうるであろうか？　そもそも、日本に対して核攻撃を加える可能性があると（単純に）いわれているのは中国、北朝鮮、ロシアであるが、それらのうちでも日本政府は北朝鮮の核の危険性を筆頭に据えて、弾道ミサイル防衛システムの導入に勤しんでいる。

ロシア・ウクライナ戦争の教訓からいえることは、中国や北朝鮮の核兵器も、ロシア同様にアメリカに対する牽制的兵器であり、なにも日本を攻撃するために用いる目的で運用されているわけではないのである。中国はもとより北朝鮮といえども日本全土を攻撃するための非核兵器を保有しており、日本をこの世から抹消するための時代錯誤的戦争でも始めない限り、核兵器を用いる理由はない。

にもかかわらず、アメリカが北朝鮮による核攻撃の恐怖を盛んに言い立て、日本政府やメディアの多くも追従しているのはなぜか？

その理由は、アメリカの覇権維持戦略３が暗示している。すなわち、北朝鮮の核開発を極度に嫌悪しているアメリカが騒ぎ立てる北朝鮮による弾道ミサイル試射は、地理的に日本海に着弾したり日本列島上空を通過することになるため、日本の人々は大いに恐怖を感じることになる。それが対日核攻撃のための試射であろうがなかろうが、恐怖感を煽ることになるのだ。

このような北朝鮮と日本の位置関係は、アメリカにとっては都合がよい。北朝鮮がアメリカ攻撃用の核弾道ミサイルの開発を進めれば進めるほど、日本の人々はあたかも日本が核攻撃を受けるかのごとく怯(おび)え、無責任な日本のメディアも騒ぎ立て、政府や国会は超高額なアメリカ製弾道ミサイル防衛システムに大金を投ずることに何ら疑問を感じなくなっているのである。

ロシアはそう易々と戦術核兵器を投入しない

中国による台湾への軍事圧力がますます激化してきた時期に合わせたように、ロシアによるウクライナ侵攻が現実化した。そのためアメリカは、中国による台湾侵攻も近いうちに現実のものとなるとの警告を盛んに発して、周辺諸国の警戒心を盛り上げようとしている。とりわけ日本に対しては、ウクライナ侵攻と台湾有事それに尖閣紛争を絡めることによって、日本の人々の核保有国である中国に対する恐怖心を煽ることに成功しているようである。

しかしながら、上記のようにウクライナ戦争が提示している現実は、これまでのところではあるが、ロシアはそう易々とは戦術核兵器を投入していない、という事実である。ロシア側がウクライナ戦争で核兵器を使用することを仄めかしているのは「アメリカないしはNATOがロシアに対する核攻撃準備の動きを見せた場合には、アメリカをはじめとするNATO諸国に対する核報復攻撃実施の覚悟を示すために、予防的攻撃としてウクライナに対する戦術核攻撃を実施する可能性もある」という意味合いでの威嚇である。

それをアメリカは、単純に「ロシアによるウクライナでの戦術核兵器使用」の可能性として宣伝し続けているわけだ。そして平和ボケした日本では、それを真に受けてロシアはウクライナで核を使用するかもしれないと考え、地政学的条件が全く異なっているにもかかわらずウクライナと日本を同一視したうえで、核保有国である北朝鮮や中国も日本に対して核を使うかもしれない、と単純に考えてしまっているのだ。

「核使用の恐怖」というレトリックで同盟国の不安を煽り、覇権を維持しようとしているアメリカの術中に最も見事に陥り、まさにアメリカの思う壺（つぼ）の方向に向かいつつあるのが日本なのだ。

■覇権維持戦略❹ 第三国間の戦争を防ぐ努力はしない

アメリカは、ロシアとウクライナの軍事的対立を緩和しようとする何らかの平和的な代替手段を提供する動きを全く見せなかった。ロシアによる2014年のクリミア侵攻以来ロシアとウクライナ間の軍事的緊張が続き、ウクライナ国内の民族的・宗教的対立に乗じたロシアによる各種介入や国内工作のため、ますます両国間の緊張状態が高まるのに比例して、アメリカによるウクライナに対する軍事的支援が強化されていた。一方でアメリカは、ロシアとウクライナ間の軍事的緊張を緩和するための働きかけをしようとはしなかった。

アメリカによるウクライナに対する軍事支援は、ロシアによる軍事攻撃が勃発した際にはウクライナが軍事的抵抗を続けるための迎撃用兵器類に主力が置かれており、ロシアが軍事侵攻を少しでもためらうような強力な反撃用兵器類、たとえば戦闘機、攻撃機、長距離巡航ミサイルなどは供与していない。

すなわちアメリカとしては、ロシアにウクライナを軍事攻撃させないような抑止的平和構築努力をするどころか、ロシアがウクライナに侵攻することを前提としたうえで、ウクライナがあまりにも弱体なままである場合にはロシアの侵攻が短期間で成功してしまうことは目に見えているので、そうさせないため、つまりロシアによる侵攻を長引かせるためにウクライナの迎撃継戦能力を強化し続けたのであり、戦争勃発後もこの方針を貫いた。

要するにバイデン政権は、ロシア・ウクライナ戦争においては「平和的な代替手段」を両陣営に対して提示したり、関係諸国や国際機関などでの軍事紛争回避努力などを行うどころか、プーチン政権側が侵攻に踏み切るように、そしてゼレンスキー政権側は侵攻軍に対する徹底抗戦を継続するように、それぞれの陣営を誘導するようなウクライナへの軍事支援を実施するという決断をなしたのである。

ロシア・ウクライナ戦争と台湾危機

上記の「覇権維持のための姿勢」は「現在のアメリカ」に関する状況である。「現在のアメリカ」というのは「軍事力とりわけ海洋軍事力が弱体化しているアメリカ」という意味である。ソ連との冷戦に勝利した時期のように、自身の軍事力が極めて強力な時代には、アメリカはウクライナを捨て駒に使い、NATO諸国やロシアに近接するヨーロッパ諸国などを駆り出そうとすることなく「世界最強のアメリカ軍」の威力でもってロシアを威嚇して侵攻を抑止してしまえばよかったのである。

しかしながら、現在のアメリカの軍事力はかつてのように突出して世界最強というわけではなく、たとえば東アジア海域での海洋軍事力（海洋上での戦闘に用いる艦艇戦力、海軍や空軍の航空戦力、各種長射程ミサイル戦力）に限定するならば、中国に脅かされる状態に立ち至ってしまっている。

ロシアによるウクライナ侵攻と、近い将来勃発すると宣伝されている中国の台湾侵攻とを短絡的に同一視するのは誤りである。双方とも侵攻国側の動機はもとより、民族的・宗教的・文化的・政治的・経済的背景などに根ざした対立原因は大幅に相違しているからである。それだけではなく、ロシアとウクライナは陸続きであり、中国と台湾の間には陸上国境が存在しないという地形的条件は、侵攻の形態や展開を完全に異にすることを意味している。

ただし、両者には構造的な共通点も存在する。最大の共通点は、侵攻国はアメリカが勢力を削ぎたいと考えているロシアと中国という点である。そのため宿命的侵攻とも見なしうるそれらの軍事攻撃を、アメリカが自らの覇権を維持するために似通った方針によって利用しようとする、という構造を見逃してはならない。そのため、上記のようなアメリカの覇権維持のための姿勢を中国による台湾侵攻（すなわち、ロシアによるウクライナ侵攻）と日本（すなわち、NATO諸国、フィンランドやスウェーデンなどの紛争周辺諸国）に関しても適用させることが可能だ。

アメリカの軍事力強化のための時間稼ぎ

アメリカは、日本周辺における軍事的脅威とりわけ中国による台湾侵攻が差し迫りつつあり、その際には日本も〝ただでは済まされない〟と日本の恐怖心を煽り立てて、日米同盟強化という標語の下、さらなる日本の対米軍事従属の強化を推進させている。

アメリカが日本をはじめ、フィリピンや韓国などアメリカに軍事的に頼っている国々の恐怖心を煽って軍備増強を促進させることによって、それらの諸国がアメリカに付き従っている限り、中国にとっては軍事的障害が増すことは疑いの余地がない。ただし、その程度の障害では中国軍を完全に封じ込めることは不可能である。しかし、アメリカ自身の軍事力を強化するための時間稼ぎになるであろうことは期待できる。

万が一にも、アメリカの対中戦闘準備が整う前に中国軍による台湾侵攻が勃発してしまった場合には、台湾に最大限の軍事的支援をなすとともに、日本やフィリピンなどにも対中攻撃用の長射程ミサイルなどを供与するなど軍事支援を加速させることにより、先鋒部隊として動員することによってアメリカ自身が戦力を投入する状況に追い込まれることを避けるように努力する。

戦局が膠着すれば、台湾、日本、フィリピン、それに韓国などへの軍事援助を極大化してさらに戦局を長引かせ、中国を疲弊させる。もしも戦局がアメリカ側にとり不利になった場合には、中国側と取引してアメリカにとっての正当化事由をつくり出して戦闘を終結させてしまうくらいの外交手腕をアメリカも中国も持っている。いずれの場合においても、アメリカ領内が攻撃される恐れはなく、中国側のミサイルや砲爆撃の被害を被って廃墟となり多数の死傷者が出るのは台湾、日本、フィリピンということになる。

国家そのものが弱体化している

このように、アメリカが盛んに脅威を煽り立てている〝有事〟にアメリカの軍事的属国としての日本が巻き込まれることになると、というよりは日米同盟の強化という標語を掲げて積極的に巻き込まれるならば、日本はアメリカの捨て駒あるいは弾除けにされかねない。

繰り返しになるが、上記の「覇権維持のための姿勢」はあくまで「海洋軍事力が弱体化しているアメリカ」のこれまで築き上げてきた覇権を維持するための基本的な方針ということができる。そこでまずもって明らかにしておくべきは、「アメリカの海洋軍事力が弱体化している」と一言でいっても、たんに軍艦や戦闘機の数が最盛期より少なくなった、といったような数字の問題だけではない。

アメリカの国家の本質を軍事的側面から理解するとともに、アメリカが立脚している国防戦略の大原則を理解することにより、海洋軍事力が弱体化しているというのはアメリカという国家そのものが弱体化していることを意味しており、覇権を維持するための戦略も大幅に変更せざるをえない状況に立ち至っていることを意味している、と結論することができる。

海洋国家と海洋強国

以下本節では、アメリカという国家は地政学的には海洋強国であり、かつその軍事戦略の基本方針から判断すると覇道国家ということができる、という国家の本質と国防戦略の原則を概観する。そして、アメリカの国家の大黒柱ともいえる海洋軍事力の弱体化状況を確認したうえで、「海洋軍事力が弱体化したアメリカ」が東アジア地域での覇権維持のために日本をどのようにして利用しようとするのかを推測することとする。

現在、世界にはおよそ200の主権国家が存在しているが、国土全体が海で囲まれているため、陸上国境線を有さなかったり、国土の周囲全部が他国との陸上国境線で囲まれていて海岸線を有さなかったり、海岸線も陸上国境線も併せて有する、など多種多様な地形的特質を有している。

ただし国際関係論や地政学の議論などでは、地形的要因に通商的要因や軍事的要因などを加えた国家の分類が用いられる場合が多い。たとえば地形的に陸上国境を有さず、かつ国民経済の発展と安定を海上交易に大幅に依存している国（たとえば日本、台湾、シンガポール、オーストラリアなど）や、海岸線も陸上国境線も併せ持ち、かつ国民経済の発展と安定を海上交易に大幅に依存している国（たとえばイギリス、アメリカ、韓国、現在の中国など）は、「海洋国家」と呼ばれている。

もっとも、海岸線があっても海上交易や海軍の拠点となる港湾施設を設置できない地形であったり、流氷などに封じ込められてしまうような気象条件の場合は、海洋国家となるのは困難だ。しかしながら、ただたんに海岸線と良港を保有するからといっても、そのような地理的条件があるというだけでは海洋国家ということにはならないし、そのような地理的条件に恵まれているからといって、必ずしも海洋国家となるべき義務はない。

当然ながら「海洋国家」には海岸線があるため、他国と軍事紛争が生じた場合には海洋から外敵の攻撃を受ける可能性が高い。そのため海軍をはじめとする海洋での戦闘に従事する軍事力、すなわち海洋軍事力を持つ必要性が生ずる。また、海洋交易を敵対する国や海賊などに妨害されると、国民経済が打撃を受けるため、海洋交易を保護するためにも海洋軍事力が必要となる。

【海洋国家】

(1)国土に港湾を設置できる海岸線を有している。

(2)国民経済の発展と安定を海上交易に大幅に依存している。
(3)海洋から外敵の軍事的攻撃を受ける可能性がある。

（注）海洋軍事力：かつては海洋での戦いは、艦艇同士が海上で戦ったり、海上の艦艇から陸地を砲撃したり、場合によっては海上から艦艇で海岸線に接近殺到上陸して海岸線で戦う、といった形をとっていたため、艦艇を擁する海軍の戦いと理解されていた。しかしながら軍事技術の発展とともに、海洋での戦いには艦艇だけではなく航空機も投入されるようになり、沿岸から数十km、時には数百km以上離れた沖合の海上や上空の艦艇や航空機を長射程ミサイルで攻撃する、といったように海洋での戦闘は海軍だけの領分ではなくなり、陸軍や空軍やロケット軍など海軍以外の軍種も加わるようになっている。そのため本書では、海軍力をも含む海洋での戦闘に投入される軍事力を「海軍力」ではなく「海洋軍事力」と呼称する。

そして、海上交易を盛んに実施するためにも、また海洋軍事力を手にするためにも、とともに貿易船や軍艦などの船が最低限必要となる。そのため、船を確保することが海洋国家には極めて重要である。貿易船や軍艦などを自ら造り出すことができない場合、他国から調達することは可能であるが、自国に造船能力があったほうが海上交易力にも海洋軍事力にも好都合といえよう。

「海洋軍事力」「海運力」「造船力」の三要素

このように、「海洋国家」には海上交易を実施するための「海運力」、国土と海上交易を防衛するための「海洋軍事力」、それに海運や海軍のための船舶艦艇を造り出す「造船力」の三要素が重要となっているのである。

そしてそれらの三要素のすべてが強力な場合、その海洋国家は強勢な国になることができる。以下本書では、「海洋軍事力」も「海運力」も「造船力」もいずれも強力で、とりわけ「海洋軍事力」が極めて強力な国家を、「海洋国家」の中でも「海洋強国」と呼称する。

【海洋強国】

(1)海洋軍事力が極めて強力
(2)海運力が強力
(3)造船力が強力

（注）海運力：かつての交易は船舶を利用した海運すなわち海上輸送に拠っていたが、現代においては海上輸送だけでなく、海洋上空を経由する航空輸送という手段も用いられている。ただし、海上とその上空すなわち海洋を通過する貿易貨物を重量ベースで比較すると99％近くが海上輸送、1％が航空輸送となっている。そのため、国家の交易活動の死命を制するのは依然として海運力ということができる。ただし、海上輸送に関するシステムが複雑かつ高度化している現代においては、「海運力」には海上輸送の能力に加えて、港湾や空港の建設・管理、倉庫や物流施設などの陸上でのロジスティックスなど、海運に関連する幅広い商業サービス活動を包含する。

海洋国家の防衛原則

海洋強国であるためには、海運力と造船力が強大でなければならないのだが、それ以上に海洋軍事力が極めて強力である必要がある。

自国が行う海上交易の安全を確保する能力を手にしていなければ、海上交易を発展させることはできない。もちろん海上交易の安全を確保するといっても航海の安全確保のことではなく、敵対する国家の海軍や海賊それに海洋テロリストなどの襲撃を撃退することである。そのために必要な能力が海洋軍事力である。

海上交易を盛況に行うには、当然ながらその国家は島嶼国である必要はなくとも少なくとも海岸線を有している必要がある。また海岸線があるだけでなく、よい港と港湾施設を支えるインフラが整っていなければならない。そして、そのような良港に恵まれているということは、海から接近してくる外敵がそれらの良港を襲撃したり海岸線に上陸して国内に攻め込んでくる可能性が高いことを意味している。

そのため、海洋国家の防衛は海から襲ってくる外敵から国土と海上交易を守り抜くことを主眼に据えなければならなくなる。海運力もあり造船力も有していても、国防のための海洋軍事力を保有していなかったり、微力であったならば、せっかくの海運力や造船力が威力を発揮できなくなってしまう。

したがって、精強な海洋国家すなわち海洋強国であるためには、海運力も造船力も強力であるのはもちろんのこと、海洋軍事力が少なくとも仮想敵国と見なせる国々に対抗しうる程度に極めて強力でなければならないのである。

その海洋軍事力は、現代においては海軍が保有する各種艦艇だけではなく、海軍航空隊や空軍といった航空戦力、海洋から海岸線や内陸に突入する海兵隊や海軍陸戦隊、それにはるか遠方から敵地や敵艦艇や敵航空機を攻撃する長射程ミサイル戦力（陸軍やロケット軍などが運用する）などの様々な軍種に関する軍事力を包含している。

ただし、海軍艦艇や航空機の数やそれらの大きさ、そして装備している武器などの兵器や、それらに乗り込んだり操作する将兵の数や練度や士気、軍港や航空施設それに兵器の開発・製造やメンテナンスなどのロジスティックス、などの目に見える「戦力」だけが海洋軍事力を形作っているわけではない。

海洋軍事力に限らず、いかなる種類の軍事力にとっても戦力以上に重要なのは「国防戦略」である。

いくら勇猛果敢で優秀な将兵と高性能兵器を取り揃えて精強な戦力を手にしていても、国防戦略が不適切であったならば国防は覚束（おぼつか）ない。そもそも、各種戦力は国防戦略を実施するための道具であり、国防戦略が戦力を規定するのであり、適切な国防戦略こそが軍事力全体を左右する大黒柱なのである。

イギリスに深く根を下ろした「一歩たりとも上陸を許さず」の思想

上述したように、海洋国家の国防とは、自国の領域（ただし自国の領土だけでなく海外に保持している補給地、前進基地、保護国、属領、植民地なども含む）を外敵の攻撃から守り抜くことだけではなく、自国の海上交易を敵対する国や海賊など外敵の攻撃から保護することを意味する。そのための基本方針すなわち「海洋国家防衛原則」は、海洋国家としての歴史が長く18世紀から20世紀前半に至るまでは最強の海洋強国として世界規模での覇権を維持したイギリスで生み出された。

ノルマン王朝の昔より現在に至るまで、イギリスはスペインやフランスやオランダといったヨーロッパ大陸の強国による侵略の企てに対しては「一歩たりとも上陸を許さず、海上で撃退する」という海軍中心の防衛策が国是として定着してきた。イギリスに深く根を下ろした伝統的国防思想は「海洋国家の防衛は海洋において決着をつけるべきであり、敵侵攻軍は一歩たりとも我が海岸線に上陸させない」というイギリス国防戦略の鉄則となった。イギリスでは伝統的にこの国防戦略に固執してきているため、自然の成り行きとして海軍が国防の主力と見なされ続けている。

イギリスが覇権を失った後を引き継ぎ、最強の海洋強国として長らく覇権を手にしてきたアメリカも、イギリスで形成された「海洋国家防衛原則」を受け継ぎ国防戦略の基本方針として実践しているのである。なお、「海洋国家防衛原則」ならびに後述する「制海三域」という表現は、そのような語句が用いられてきたわけではなく、それらの概念やアイデアを体系化したうえで筆者が命名したものである。

海洋国家防衛原則と制海三域

国防の目的は、自国の領域と自国の海上交易の保護にあり、それらに危害を加えようとする敵は海洋上において撃退し、自国の領域には一歩たりとも侵入させないことである。

このような国防方針の地理的指針として理論化し可視化したのが「制海三域」という概念である。海洋軍事力によって、敵対国の海洋軍事力や海賊など外敵の軍事行動を制圧し排除して軍事的優勢を維持することができる海域を制海域という。その制海域を自国からの距離によって三つの段階に分類したものが「制海三域」である。

⑴前方制海域

海外の自国の権益となる前進拠点や保護国や植民地などに近接する海域で、通常は我が海洋軍事力が軍事的優勢を手にしていないため、有事に際しては我が海洋軍事力によって敵勢力を排除し軍事的優勢を確立しなければならない海域。

(2)基幹制海域

自国の領域に対して侵攻してくる敵海洋軍事力を迎え撃つため、我が海洋軍事力によって軍事的優勢を必要十分な期間にわたって確保することができる海域。国防戦においては、この制海域での迎撃こそが防衛戦の中心となる。

(3)後方制海域

自国の領域に対して侵攻してくる敵海洋軍事力を迎え撃つための最後尾の海域、すなわち最も自国の領域側に位置する制海域である。この制海域が突破されると迎撃戦は危殆（きたい）に瀕して、停戦あるいは降伏を模索しなければならなくなる。

アメリカの国防基本原則

第二次世界大戦期からイギリスの後を継いで最強の海洋強国としての地位を手にしたアメリカの国防基本原則は「外敵は可能な限り遠方の海洋上でことごとく打ち破り、一歩たりともアメリカ領域の海岸線を踏み越えさせない」という「海洋国家防衛原則」に完全に立脚している。

20世紀後半には長距離爆撃機や弾道ミサイルなどの登場に伴って、アメリカの海洋軍事力は世界でも突出したものとなった。それに対応するように、アメリカの制海三域はアメリカ本土からはるか彼方の遠方へと押し出されることとなった。その結果、現在のアメリカ国防戦略が基本的に想定している「制海三域」は次のようになっている。

※現在のアメリカ国防戦略における『制海三域』
前方制海域：敵国ならびに仮想敵国に近接する海域、あるいはアメリカの国益に危害を及ぼす可能性のある紛争地域に近接した海域
基幹制海域：航路帯や航空路の要所とりわけチョークポイント
後方制海域：アメリカ本土沿海域ならびに海外重要拠点周辺海域

アメリカへの軍事攻撃（アメリカ領域に対する侵攻というよりは、世界中に展開しているアメリカ軍関係施設に対する攻撃）あるいは同盟国への侵攻を企てる敵の存在を察知した場合、敵軍が行動を起こす前に敵領域内の敵軍に先制攻撃を加え、敵が海洋に押し出して侵攻してくる能力を撃破してしまうことが必要だ。そのためには、空母艦艦隊や強襲揚陸艦隊を展開させるための敵領域に近接した海域での軍事的優勢を、素早く手に入れなければ

ならない。このような敵側直近の海域に可能な限り短時日で艦艇や航空機や戦闘部隊を送り込むためには、米軍が自由に使える前進拠点が有用である。

（注）アメリカ軍の海外前進拠点

先制攻撃によって敵の対米攻撃能力を事前に破壊してしまうという方針は、かつてイギリス海軍がスペインやフランスの造船施設や港湾都市を襲撃したように「そもそも外敵が保持しているアメリカ攻撃能力を叩き潰してしまえば絶対に外敵によるアメリカ攻撃は不可能となる」という考えに基づいている。

場合によっては敵の海岸線から内陸の敵領土内に攻め込んで、敵のアメリカ攻撃の芽を摘んでしまうという方針がアメリカの前方制海域には含まれている。したがって「制海」といっても敵地に侵攻しての地上戦闘をも想定しているため、海軍と共に活動する海兵隊もアメリカの海洋軍事力にとって重要な位置づけがなされている。

アメリカ海軍は世界中の紛争地域や、アメリカとその同盟国に敵対する勢力が支配する地域に近接した海域に空母艦隊（海軍航空戦力を積載した原子力空母を中心とした艦隊）や強襲揚陸艦隊（海兵隊上陸戦闘部隊と海兵隊航空戦力を積載した揚陸艦を中心とした艦隊）を緊急展開させる態勢を固めている。

空母艦隊や強襲揚陸艦隊を、常にアメリカ本土の海軍基地から出動させていたのでは時間がかかりすぎる。そこで米本土から太平洋や大西洋を渡った先に海軍の拠点を確保しておけば、かなりの時間の短縮が図れる。

たとえば南シナ海の南沙諸島周辺海域に急行する事態が生じた場合、ワシントン州ブラマートンからの場合６５００海里、ハワイ州パールハーバーからだと５２００海里、そして横須賀からならば２２００海里ということになる。

またアメリカ空軍でも、アメリカ本土から爆撃機が発進してイラクやアフガニスタンを空爆してアメリカ本土に帰還する作戦の場合、連続40時間近いフライトとなるため、海外に前進航空拠点を確保しておけば、緊急展開時間の短縮が大いに図れることになる。

しかしながら、アメリカの友好国はもとより同盟国といえども、アメリカの海軍基地や航空基地を自国領土内に永続的に設置させるのには極めて躊躇（ちゅうちょ）している。オーストラリアもアメリカに対しては迎合的ではあるものの、外国軍隊がオーストラリア領土内に長期間にわたって駐留を続けることは憲法で禁止しているため、アメリカ軍がオーストラリア国内に海軍基地や航空基地を設置することは不可能だ。

オーストラリアのみならず、多くの国々では、外国の軍隊が戦闘機や爆撃機を自

アメリカ航空戦力海外前進拠点

空軍	嘉手納空軍基地	日本	
空軍	三沢空軍基地	日本	自衛隊と共用
空軍	横田空軍基地	日本	自衛隊と共用
海軍	厚木海軍飛行場	日本	自衛隊と共用
海軍	三沢海軍飛行場	日本	自衛隊と共用
海兵隊	岩国航空基地	日本	自衛隊と共用
海兵隊	普天間航空基地	日本	
空軍	群山空軍基地	韓国	
空軍	烏山空軍基地	韓国	
空軍	レイクンヒース空軍基地	イギリス	
空軍	ミルデンホール空軍基地	イギリス	
空軍	フェルトウェル空軍基地	イギリス	
空軍	クロートン空軍基地	イギリス	
空軍	ラムシュタイン空軍基地	ドイツ	
空軍	シュパングダーレム空軍基地	ドイツ	
空軍	ガイレンキルヒェン航空基地	ドイツ	NATO 軍基地
空軍	モロン空軍基地	スペイン	
空軍	アヴィアーノ空軍基地	イタリア	
海軍	シゴネラ海軍航空基地	イタリア	
空軍	インジルリク空軍基地	トルコ	
空軍	マナス空軍基地	キルギス	
海軍	ムハッラク飛行場	バーレーン	
空軍	ラジェス空軍基地	アゾレス諸島	ポルトガル領
空軍	ディエゴガルシア海軍支援基地	ディエゴガルシア環礁	イギリスから貸与

アメリカ海軍海外前進拠点

大平洋	横須賀海軍基地	日本	第7艦隊本拠地
東シナ海	佐世保海軍基地	日本	
大平洋	ホワイトビーチ海軍施設	日本	
大平洋	厚木海軍飛行場	日本	自衛隊と共用
大平洋	三沢海軍飛行場	日本	自衛隊と共用
日本海	岩国航空基地	日本	海兵隊基地に同居
日本海	鎮海支援施設	韓国	
大西洋	ロタ海軍基地	スペイン	
地中海	ナポリ海軍基地	イタリア	第6艦隊本拠地
地中海	シゴネラ海軍航空基地	イタリア	
地中海	ソウダベイ海軍基地	クレタ島(ギリシャ)	NATO海軍基地
アラビア海	キャンプ・レモニエ	ジブチ	軍港ではない
ペルシア湾	バーレーン海軍基地	バーレーン	第5艦隊本拠地
ペルシア湾	クウェート海軍基地	クウェート	米沿岸警備隊と共用
カリブ海	グアンタナモベイ海軍基地	キューバ	
インド洋	ディエゴガルシア海軍支援基地	ディエゴガルシア環礁	イギリスから貸与

国内から発着させることは基本的には受け入れたがらない。そのため、アメリカ航空戦力の海外航空施設は限定的にならざるをえない状況である。この点では、日本は数少ない例外ということになる。

海軍基地の場合でも、航空母艦や駆逐艦といった軍艦のメンテナンスや修理を実施できる技術力を持っている国でなければ前進拠点を設置することはできない。そのような技術を有さない地点にどうしても拠点を設置したい場合は、莫大(ばくだい)な資金を投入してアメリカ自身で本格的な軍港やメンテナンス施設を建設しなければならないからである。そのため、理想の地点にできるだけ多数の前進海軍拠点を設置することも困難な状況といわざるをえない。この点でも、日本は数少ない例外ということになっている。

基幹制海域：航路帯や航空路の要所とりわけチョークポイント

アメリカ本土あるいは海外に設置した前進拠点から前方制海域にアメリカ艦隊や航空部隊を安全かつ迅速に展開させるために、使用する海上航路帯や航空路で敵対する相手方の戦力配置状況などに応じて、海上優勢や航空優勢を確実に維持することが必要な海域が基幹制海域である。とりわけチョークポイントと呼ばれる海域での軍事的優勢は常時、確保できる態勢を整えている必要がある。

注：チョークポイント

世界中の軍事紛争に出動する可能性を常に有しているアメリカ海軍は、断続的にアメリカ本土あるいは海外に確保してある前進拠点から紛争地域に近接した前方制海域に空母艦隊や強襲揚陸艦隊、それに単艦や小規模編成の駆逐艦戦隊などを緊急展開させている。

展開してくるアメリカ艦隊を妨害する側にとって、最も効率がよい妨害・迎撃地点は、米艦隊が必ず通り抜けねばならない海峡部であり、そのような地点はチョークポイントと呼ばれている。

チョークポイントは、海軍艦艇が通過する際の待ち伏せ場所になるだけでなく、タンカーや貨物船など海上交易に従事する船舶にとっても必ず通過しなければならない地点であるため、チョークポイント周辺海域は海賊や海洋テロリストなどにとっても格好の襲撃地点となっている。

したがって、軍事紛争が発生した際に急行する米海軍艦隊の安全を確保するだけでなく、平時においても海上交易の安定を確保するために、常にアメリカ海軍は世界中のチョークポイント周辺海域での軍事的優勢を手にしておく努力を重ねている。

アメリカにとって重要なチョークポイント

【ジブラルタル海峡】

大西洋⇕地中海

古来よりヨーロッパの海洋国家にとって大西洋から地中海への入り口となっているジブラルタル海峡は、海上交易そして軍事の要衝であった。

イギリスは、かつてスペインから奪取したジブラルタル海峡北岸地点を現在も海外領土（イギリス領土の飛び地であって植民地や租借地ではない）としており、海軍基地と空軍基地それに守備隊（ロイヤル・ジブラルタル連隊）が常駐している。

一方、ジブラルタル海峡南岸地域はイギリスと対峙していたスペインの植民地であったがモロッコ独立とともにモロッコ領となった。ただし、ジブラルタル海峡北岸に対峙する部分はスペイン領セウタとして残されており、ジブラルタル海峡を挟んでイギリス軍とスペイン軍が向かい合っている状況が続いている。

【スエズ運河】

地中海⇕紅海

スエズ運河が開通するまでは、ヨーロッパからインド方面に達するにはアフリカ西岸の大西洋を南下してアフリカ南端の喜望峰沖をインド洋に回り込み、インド洋を北上しなければならなかった。しかし、スエズ運河が開通したため、喜望峰回りという大航海は必要なくなった。

【バブ・エル・マンデブ海峡】

紅海⇕アラビア海（北部インド洋）

スエズ運河を通航する艦船にとっては、紅海とアラビア海（北部インド洋）を隔てているバブ・エル・マンデブ海峡もチョークポイントとして交通の要衝となった。バブ・エル・マンデブ海峡周辺海域には海賊が頻繁に出没するため、アメリカ軍、フランス軍、イタリア軍、自衛隊、中国軍が沿岸国ジブチに軍事基地を設置して、海賊対策を実施している。

【パナマ運河】

カリブ海⇕太平洋

パナマ運河が開通するまで、大西洋側と太平洋側を結ぶ海上交通は、南アメリカ大陸南端のホーン岬沖あるいはその内側に当たるマゼラン海峡を回り込まねばならず、時間だけでなく極めて危険な航海を強いられていた。カリブ海と太平洋を直接結ぶパナマ運河が開通したことにより、太平洋と大西洋の海上交通は大幅な時間短縮が実現し、安全性が飛躍的に高まった。この事情は海上交易船舶のみならず、大西洋側と太平洋側に海軍戦力を分散させておかなければならないアメリカ海軍にとっては、この上もない戦力強化につながっている。

長らくパナマ運河両岸地帯はアメリカの租借地となり、アメリカの重要軍事拠点となっていた。しかし1977年、パナマ政府はアメリカ政府との10年近くにわたる返還交渉の結果、パナマ運河を公海同様の自由航行が完全に保障される国際運河であることをパナマ政府が確約するのと引き換えに、アメリカが段階的に主権をパナマに返還することが決定された。1999年末をもってアメリカ軍は完全に撤収し、パナマ運河と運河両岸地域はパナマの完全な主権下に入った。

ホルムズ海峡付近でイラン革命防衛隊に拿捕された韓国船籍のタンカー(2021年1月、写真提供:AFP＝時事)

【ホルムズ海峡】

ペルシア湾⇕インド洋(アデン湾)

ホルムズ海峡の北岸は、アメリカの仮想敵国の一つとなっているイランであり、その南岸はオマーンである。オマーンはイランとは良好な関係を維持しているが、アメリカとも敵対しているわけではない。

毎日、莫大な量の原油を積載した多数のタンカーが中国、インド、日本、韓国そしてアメリカへとホルムズ海峡を通航しており、アメリカがイランを軍事攻撃した場合にはホルムズ海峡を通航するアメリカ側のタンカーの通航を遮断する態勢をイラン軍は固めているため、それに対抗してアメリカも第

5艦隊司令部をホルムズ海峡直近のバーレーンに設置して常に海洋軍事力の緊急出動態勢を保持している。

イランとアメリカの対立に加えて、ホルムズ海峡周辺海域とりわけアデン湾では海賊やテロリストによるタンカーや商船に対する襲撃も頻発しており、ホルムズ海峡はまさに世界でも最も危険なチョークポイントと考えられている。

【マラッカ海峡】

南シナ海⇕インド洋

中東方面から原油や天然ガスなどを積載し、日本や中国をはじめとする東アジア諸国に向かうタンカーや、東アジア諸国と南アジア、中東、ヨーロッパ、そしてアフリカ諸国との海上交易に従事する様々な商船の大半が通過しなくてはならないのが、マレー半島（マレーシア）とスマトラ島（インドネシア）の間に横たわる長大なマラッカ海峡である。

この海域は古くから海賊が出没する危険な海峡であったが、現在でも海賊やテロリストの危険が高い海域である。また、軍事的にも南シナ海とインド洋の最短航路となっているため、シンガポールに小規模ながらも軍事拠点を置くアメリカ海軍は、常時マラッカ海峡上空に海洋哨戒機（しょうかいき）を展開させて、マラッカ海峡の監視を続けている。

【ルソン海峡（バシー海峡・バリンタン海峡）】

南シナ海と東シナ海、そして南シナ海と西太平洋（フィリピン海）を隔てる要所に位置しているのが台湾であり、台湾とフィリピンの間の海域がルソン海峡と呼ばれている。ルソン海峡の中程に点在するバタン諸島を境に台湾側はバシー海峡、フィリピン側はバリンタン海峡と呼ばれている。

これらの海峡は南シナ海から日本や韓国そしてロシアなどとの航路帯となっているだけでなく、さらにその先の太平洋を越えてアメリカとカナダの西海岸に向かう最短コースにとってのチョークポイントとなっている。

第二次世界大戦末期においては、バシー海峡やバリンタン海峡を通航しようとした多数の日本貨物船などがアメリカ潜水艦の待ち伏せ攻撃によって沈められ「海の墓場」と呼ばれていた。そのような軍事的チョークポイントとしての位置づけは現在も変わっていない。すなわち南シナ海で米中海軍が衝突した際には、日本やグアムそしてハワイから南シナ海に急行する米海軍艦艇はバシー海峡あるいはバリンタン海峡を通過しなければならないため、中国軍にとっては絶好の攻撃ポイントとなるのである。

後方制海域に前方制海域が含まれる──口実をつくって先制攻撃

理論的にはアメリカ本土沿海域（東太平洋・西大西洋・カリブ海）やハワイ周辺海域それにアラスカ沿海域（北極海、ベーリング海峡、北太平洋、北大西洋）すなわちアメリカ領土沿海域が、最後に外敵の侵攻を食い止める後方制海域ということになるが、実際には、海外にいくつか保持している前進拠点としての重要海軍施設、重要航空施設と近接している海域が後方制海域と考えられている。

すなわちアメリカは、自国との位置関係では前方制海域となる海域（たとえば日本周辺海域）をも後方制海域に設定しており、敵海洋軍事力をアメリカ本土からはるかに遠方の海洋上で撃破する態勢を維持しようとしているのである。

海洋国家防衛原則が外敵の侵攻を自国の沿岸から可能な限り遠方で食い止めるというのは、軍事専門家ならずとも常識的に頷ける方針といえよう。ただし、自国から遠方といってもアメリカの場合は仮想敵国の沿岸というよりは、さらにはもはや海ではないのだが、仮想敵国領内を前方制海域に設定し、敵の侵攻は敵の領域内で封殺してしまう方針を実施する場合が多い。要するに、アメリカに危害を加えそうな敵勢力に対しては、先制攻撃によって封じ込めてしまうことを理想的な原則としているのである。

ただし先制攻撃といっても、アメリカの軍事行動に正当性が存するような口実を外交的につくり上げてから実施するため「やむをえず身にかかる危害を取り除くために、正当防衛として軍事力を行使せざるをえなかった」という体裁を（無理やりにでも）取るのが通例となっている。

かつて「七つの海を支配する」といわれた世界最強の海軍を擁して植民地帝国を築き上げたイギリスも、前方制海域を敵の沿岸域に設定して、敵（スペインやフランス）が艦隊を繰り出す以前に敵の港湾や造船所などを襲撃してしまうという、現代のアメリカと類似した原則に立脚していた。

自国の防衛という口実を設けて敵領内に先制攻撃を仕掛けることを国防の鉄則としている、ということは、上例でのイギリスやアメリカにとってすれば自国沿岸より最も隔たった遠方で敵を撃破してしまうという、まさに海洋国家防衛原則にとって理想的な姿ということになる。

しかし、イギリスやアメリカの敵にしてみれば極めて乱暴な先制攻撃であり、侵略国そのものと見なさざるをえない。ただし、イギリスもアメリカも勝利を重ねたため、または決定的な敗北を喫さなかったため、敵国以外からは侵略国のレッテルを貼られなかったのである。

第二次世界大戦前から現在に至るまで、アメリカは国際関係の場においてアメリカの国益が大いに損なわれそうになったり、あるいは是が非でも国益を伸長せねばならない事態が生起すると、対立相手勢力の領内を前方制海域として先制攻撃を実施して自らの国益を確保することを大前提としたうえで、正当化事由を手にするための外交的交渉を実施し、結局は原則どおりに自衛のための先制攻撃を実施してしまう、というパターンを繰り返している（ただし、日本による真珠湾攻撃ならびにフィリピン攻撃は誤算であった）。

このように「国家間の対立は軍事的に解決してしまう」ことを大前提に据えている、という基本姿勢は、まさにアメリカが典型的な覇道国家であることを示している。

弱体化したアメリカの海洋軍事力

アメリカ政府の国防政策決定過程にも大いに影響を与えている保守系シンクタンクであるヘリテージ財団（Heritage Foundation）は、毎年多数の専門家を動員して国際軍事環境と、それに対してアメリカ軍がどの程度の戦力レベルを維持している状況なのか、に関する報告書を作成し、公刊している。

米軍の各軍種・総合戦力評価一覧

	海軍	海兵隊	陸軍	空軍	核戦力	総合
2023年	弱体	強力	必要最低限	極めて弱体	強力	弱体
2022年	必要最低限	強力	必要最低限	弱体	強力	必要最低限
2021年	必要最低限	必要最低限	必要最低限	必要最低限	必要最低限	必要最低限
2020年	必要最低限	必要最低限	必要最低限	必要最低限	必要最低限	必要最低限
2019年	必要最低限	弱体	必要最低限	必要最低限	必要最低限	必要最低限
2018年	必要最低限	弱体	弱体	必要最低限	必要最低限	必要最低限
2017年	必要最低限	必要最低限	弱体	必要最低限	必要最低限	必要最低限
2016年	必要最低限	必要最低限	弱体	必要最低限	必要最低限	必要最低限
2015年	必要最低限	必要最低限	必要最低限	強力	必要最低限	必要最低限

出所：『Index of U.S. Military Strength』2015年～2023年版より

『Index of U. S. Military Strength』（以下、ヘリテージ報告書）というこの報告書がアメリカ軍の現時点における能力を「正確に評価している」とはいいきれないのは、一シンクタンクの分析評価である以上、当然であろう。

ただし、米軍の現状に関して様々な観点から厳しいチェックを日々実施している連邦会計監査院や、連邦議会調査局が公刊している多数の米軍関係報告書などと突き合わせると、『Index of U. S. Military Strength』の評価はかなり的を射た内容であると頷ける。そのため、米軍自身としてもこの報告書を尊重しているようである。

そのヘリテージ報告書によると、２０１５年以来アメリカ軍の戦力レベルは全体として「必要最低限レベルを保っている」という評価が続いていた。しかしながら「必要最低限」という評価は「仮想敵国と何とか戦いを交えることが可能である」という意味であるため、想定されているアメリカにとっての軍事的脅威を打ち払うだけの「強力」あるいは「極めて強力」なレベルには達していない、ということを意味している。

もっとも、2015年から2021年の7年間では、空軍の戦力レベルが2015年に「強力」と評価されたのみで、各軍種にしろ全体にしろ、その1回しか「強力」はなかった。逆に陸軍は2016年から2018年にかけて、海兵隊は2018年と2019年に、それぞれ「弱体」と評価されていた。この「弱体」の原因は、陸軍と海兵隊はそれまで長年にわたってイラクやアフガニスタンなどでテロリスト集団との近接地上戦を中心として戦ってきたため、トランプ政権によって新たにアメリカの主敵とされた中国やロシアとの本格的地上戦や、島嶼部ならびに海岸地帯での戦闘を想定すると「弱体」と評価されたのであった。

ただし、陸軍も海兵隊も新たな仮想敵との対決に備えるべく改革を推進してきたため「弱体」を脱することができた。とりわけ組織再編を伴う大規模な戦略転換を実施している海兵隊は2022年からは「強力」と評価されるに至った。また、トランプ政権が核武装強化路線に踏み切ったため、核戦力は海兵隊と同じく「強力」レベルを維持している。

しかしながら、かつては突出して世界最強といわれていた空軍が、２０２２年には「弱体」に転じ、２０２３年には「極めて弱体」に転落してしまった。それに加えてアメリカの海洋国家防衛原則を支える大黒柱である海軍も２０２３年には「弱体」と評価されるに至ってしまった。海軍が「弱体」であると、海軍と行動を共にする海兵隊がいくら「強力」でも宝の持ち腐れとなってしまうことになる。そのため、アメリカ軍で他国の軍隊に勝っているのは核戦力だけという状態になってしまっており、２０２３年はアメリカ軍全体としての戦力レベルが「弱体」に転落してしまったのである。

要するに、現状では（あくまでヘリテージ報告書の評価ではということであるが）アメリカ軍が戦争に投入されたとしても「弱体」な軍隊ではとても勝利は覚束なく、ただ一つ核戦力を投入すれば勝利を手にすることができるであろう、という状況なのである。かつての「アメリカ軍最強神話」などは、まさに吹き飛んでしまっているのが実情といえよう。

米空母艦隊を撃退する戦力整備に傾注した中国

第二次世界大戦で大日本帝国海軍を打ち破って以降、アメリカ海軍の主戦力は空母艦隊になった。現在に至るまで、空母艦隊こそがアメリカの軍事力が世界最強であることの象徴だと多くの米国民や米軍関係者でさえ自認しているし、日本をはじめとしてアメリカ軍に頼り切っている国々でも、そのように信じられている感が強い。

実際に、中国が台湾の独立を志向する動きに対して軍事的圧力をかけたいわゆる第三次台湾海峡危機（1995～96年）に際しては、空母艦隊2セットを台湾周辺海域に派遣したアメリカ海軍に対して、中国側は沈黙せざるをえなくなった。

国際社会に米国の海洋軍事力の強大さを再確認させるとともに、中国の軍事力の弱体ぶりをさらけ出すことになってしまったこの事件をきっかけとして、中国は海洋軍事力（艦艇戦力、海軍と空軍の航空戦力、ロケット軍の長射程ミサイル戦力など）を中心とした接近阻止戦力（アメリカ軍が中国沿岸海域に接近してくるのをできるだけ遠方海上で撃退するための戦力）の強化に邁進（まいしん）した。

とりわけ中国が努力を傾注したのは、太平洋やインド洋から東シナ海や南シナ海に進行して中国沿岸域に接近してくる米空母艦隊を撃退する戦力の整備であった。とはいっても、1990年代後半の中国海軍や航空戦力（空軍、海軍航空隊）は自衛隊にも対抗しえないほど脆弱（ぜいじゃく）なものであり、米海軍と衝突することなど思いも寄らないレベルであった。そこで中国は、まずは近代的艦艇や航空機の取得や開発に着手し、海軍と空軍の強化に全精力を傾けた。

国際テロ戦争への突入で手が回らず

一方アメリカは、冷戦でソ連を打ち破り、軍事的には国際社会における〝一強〟状態になっていたため、若干の奢り（おご）と油断が生じ始めていた。そのような状況下で、ビンラディン率いるイスラム過激派による同時多発テロ攻撃が発生（２００１年9月11日）した。アメリカの国防戦略では外敵はできうるならば外敵の領内で撃破してしまい、それができない場合でもアメリカよりはるか遠方の海洋において撃退してしまうのが鉄則である。

アメリカの領土内が攻撃される事態などあってはならないのである。そのため、真珠湾攻撃のときと同じく〝怒り狂った〟アメリカはイスラム系テロ組織とのいわゆる国際テロ戦争に突入した。そのため、アメリカ国防戦略の大黒柱であり、かつ中国との戦闘が生起した際には主戦力となる海洋軍事力の強化には、手が回らなくなってしまった。

その国際テロ戦争は長期化した。アメリカは20年にわたる国際テロ戦争に敗北して、米軍部隊がカブールから惨めな逃亡劇を演じた２０２１年夏頃には、米軍に対する接近阻止戦力強化を躍起になって推し進めた中国軍と、地上でのテロリスト部隊を相手とした近接戦闘に精力を集中せざるをえなかったアメリカ軍との海洋軍事力のバランスは、東アジア海域に限定するならば、アメリカ側が予想していた以上に米軍にとって不利な状況となってしまっていた。

南シナ海をはじめとする東アジアの海洋での軍事バランス大変動の要因は、拡張主義的な海洋戦略実施のための中国の海洋軍事力（艦艇戦力・海軍と空軍の航空戦力・ロケット軍の長射程ミサイル戦力）の想像以上のスピードでの増強にあることはいうまでもない。しかしながらそれだけではなく、東アジア方面に展開できるアメリカ海洋軍事力の弱体化こそが、いまや東アジア軍事バランス大変動の大きな要因になっている。

戦闘艦艇数は中国海軍の半分以下に

東アジア方面におけるアメリカの海洋軍事力の低下は、しばしば中国海軍との戦力の比較によって論じられている。

アメリカ海軍の再興を掲げたトランプ政権は、戦力強化が著しい中国海軍を念頭に置いて、米海軍の主要艦艇数を355隻以上に拡大することを義務化する政策を打ち出した（アメリカ海軍にせよ中国海軍にせよ、耐用年数に達したり旧式化したり事故で深刻なダメージを受けたりした軍艦は退役することになるので、艦艇数を増加させるには退役する艦艇数より新たに誕生する新造艦艇の数が多くなければならない）。

ただし米海軍やシンクタンクなどの海軍戦略関係者からは、常識を覆すスピードで戦力拡大を続ける中国海軍や復活しつつあるロシア海軍を念頭に置くならば、目標が３５５隻では少なすぎ、５００隻は必要であるといった意見も少なくなかった。

ところが、アメリカ海軍の艦艇数の増加ペースが遅々として進まず、３００隻にも達しないでいるうちに、２０２１年には中国海軍は米当局が掲げていた３５５隻に達してしまい、数量的には世界最大の海軍の座を占めるに至った、と米国防総省が発表した。それとともに米国防総省は、２０２５年には中国海軍主要艦艇保有数は少なくとも４２０隻に達するとの深刻な危惧の念を表した。

しかしながら、米軍情報筋やシンクタンクによる中国海軍戦力予測が常に過小評価であったのと同じく、この予測も過小評価であった。

２０２３年12月現在、アメリカ海軍自身が「戦闘部隊艦艇」としてリストアップしている主要艦艇保有数は２９１隻となっており、そのうち「戦闘艦艇」（原子力潜水艦、航空母艦、駆逐艦といった各種戦闘用艦艇）は２２７隻となっている（5年前の２０１８年12月には２８７隻であった）。これに対して中国海軍は、艦艇保有数などが明確に公表されているわけではないが、上記の米海軍「戦闘部隊艦艇」に準拠して数字を割り出すと、２０２３年

12月時点で「戦闘艦艇」保有数は最小でも490隻となる。

要するに、アメリカ海軍の戦闘艦艇数は中国海軍の半分以下になっている。ただし中国海軍とアメリカ海軍はそれぞれ戦略、任務、戦術が異なっており、たとえば中国海軍が多数保有している小型戦闘艦艇（ミサイル艇やコルベットなどの沿岸・沿海域での戦闘に用いられる軍艦）をアメリカ海軍は保有していない、といった事情もあるため、単純に艦艇数を比較するわけにはいかない。

しかし、アメリカ海軍は戦力を太平洋側と大西洋側に分割しなければならないという地形的ハンディキャップを負っていることを考慮すると、米国防総省や米海軍当局自身が認めているように、米海軍は世界最大の海軍の座を中国に明け渡してしまったことは否定できない。

このような米軍当局の中国海軍脅威論に対して、「恐れすぎ」と批判する専門家も少なくない。そのような立場を取る人々は、以下のように主張している。

たしかに、艦艇数が追い越されたことは事実である。しかし、総トン数では中国海軍がおよそ200万トンであるのに対して、米海軍はおよそ450万トンと倍以上である（上記のように、沿岸海域での戦闘を想定している中国海軍は小型、中型の戦闘艦艇を多数取り揃えているが、太平洋や大西洋を越えて敵領域近くの海洋まで遠征しての戦闘を想定しているアメリカ海軍の艦艇の大部分が、大型戦闘艦である。そのため総トン数に違いが出ることになる）。すなわち、いまだに米海軍のほうがより長い距離を航行でき、より多くの武器を搭載でき、より汎用性の高い戦闘能力を有する大型艦をはるかに多数保有しているのであり、中国海軍に後れを取っているわけではない。

たとえば、中国海軍と直接対峙する太平洋艦隊だけでも、それぞれ75機の各種航空機を積載できる原子力空母を5隻、航空機と共に海兵隊部隊を積載する強襲揚陸艦を6隻保有している。それに対して中国海軍は40機以下の各種航空機しか積載できない空母を3隻と強襲揚陸艦を3隻である。要するに、パワープロジェクション能力（敵領域に戦力を接近させて攻撃する能力）においてはいまだに米海軍が中国海軍を圧倒しているのである。

全域に張り巡らした海軍網を維持できない

このような米海軍優位の指摘に対して、かねてより「決して中国海軍を侮ってはならない」と警鐘を鳴らし続けている対中海軍戦略専門家らは、「たしかに総トン数では米海軍が優勢であるが、いまとなってはそのような指標はさしたる意味を持っていない。なぜならば、最近建造された軍艦だけに絞って比較すると、中国も空母や強襲揚陸艦の建造を開始したうえ、大型駆逐艦などの大型水上戦闘艦をアメリカの4倍のスピードで量産している中国海軍のほうが、総トン数でも勝っている状況だ」と反論している。

実際に、過去10年間にわたって新型艦艇を大量に誕生させている中国海軍と比較するとアメリカ海軍艦艇は老朽化が目立ってきており、後述するようにメンテナンスや修理といったロジスティックス能力も極めて低下している。

このように、長きにわたって史上最強の地位を占めてきたアメリカ海軍は、あたかも強大なローマ帝国がヨーロッパ全域に張り巡らした道路網を維持できなくなってしまった状況のように、危機的状況に直面しているのである。

海軍将兵の練度の低下

もちろん、艦艇保有数の単純比較だけで戦力を論ずることはできない。それぞれの艦艇自体の性能、搭載されている兵器類、レーダーやソナーなどのセンサー類、通信・情報システムなどの種類や性能、艦艇に乗り組む将兵の練度や士気、などをはじめとする「質」を比較しなければならない。

しかしながら、人的資源や訓練内容、士気の状態はもとより、兵器やセンサーに関してすら「質」の比較は主観的要素が入り込んで困難である（もっとも、２０００年当時に米海軍と中国海軍、あるいは海上自衛隊と中国海軍を比較した場合、米海軍や海上自衛隊の質が完全に中国海軍を上回っていたことに異論を挟む余地はない）。

米海軍太平洋艦隊所属艦艇が２０１７年に東アジアの海域で大きな死亡事故3件を含む数々の衝突事故を引き起こしたのであるが、その後実施された厳重な海軍内部での調査報告によれば、アメリカ海軍の訓練は予算削減のあおりを受けて大きくレベルダウンしており、艦長はじめ指揮官たちの資格要件も甘くなり、海軍将兵の練度が大いに低下していることが問題視されている。

それに加えて、南シナ海や東シナ海での中国海洋軍事力の急激な増強に対処するため、太平洋艦隊艦艇の出動回数が激増し、作戦行動中の艦内での任務量も増加しているため、いわゆる過労状態となってしまい、艦艇乗り組み将兵たちの士気も低下してしまっている。

敵水上艦艇攻撃能力に力を入れてこなかった

軍艦に装備されている兵器類に関しても、米中の差が逆転するまでには至っていないものの、トータルで考えると拮抗状態に近づいている。

大日本帝国海軍が真珠湾を空母艦隊により襲撃して以来、空母戦力の優位性を身にしみて学び取ったアメリカ海軍は、それ以来数十年にわたって、航空母艦を主戦力として位置づけており、米海軍空母艦隊は米海軍、そしてアメリカの力の象徴と考えられてきた。そのため米海軍は、航空母艦と空母艦隊を敵の航空機の攻撃から護りぬくための防御システムの充実に心血を注いできた。その傑作がイージスシステムと呼ばれる超高性能防空戦闘兵器である。イージスシステムに組み込まれている防空ミサイル（SM－2、SM－3、SM－6など）も極めて性能が高い。

対空防御だけでなく、恐ろしい存在である潜水艦に対しても、艦載ソナー、対潜水艦ヘリコプター、対潜哨戒機をはじめ対潜攻撃兵器も充実させた。しかし、水上戦闘艦艇対水上戦闘艦艇という戦闘形態は過去のものとなったと判断した米海軍は、敵水上艦艇攻撃能力にはそれほど力を入れてこなかった。

一方、中国海軍にとっての主たる任務は、西太平洋から東シナ海や南シナ海に接近してくる空母艦隊を中心とするアメリカ艦隊を攻撃して、中国沿岸海域への接近を阻止することにある。そのため、水上戦闘艦艇からも潜水艦からも航空機からも、そして地上からも敵の艦艇を攻撃する戦力の強化に努めた。

その結果、様々な種類の対艦ミサイルが誕生し、ＤＦ－21ＣやＤＦ－26といった対艦弾道ミサイルまで手にするに至っている。さらには、弾道ミサイル以上の高速で敵艦に突っ込む極超音速兵器の開発では、ロシアとともに中国がアメリカに先んじており、中国側の発表ではすでに対艦攻撃用の極超音速滑空体の開発に成功し、配備を開始したということである。

このように、防空戦力ではアメリカ海軍は中国海軍をいまだに上回っているものと思われるが、対艦攻撃力では、中国海洋軍事力（海軍、航空戦力、長射程ミサイル戦力）は東アジア海域に展開してくるアメリカ海軍を確実に凌駕（りょうが）している。

長距離攻撃能力のある航空機の開発に着手できず

もう一つ、アメリカ海軍にとって深刻な問題なのは、アメリカ海軍が自他ともに世界最強と認めてきた原子力空母を基幹とするパワープロジェクション能力（敵領域に戦力を接近させて攻撃する能力）も、投射距離（空母から航空機で攻撃可能な距離）自体が大幅に低下しているため、危機的状況に直面しているという現実である。

たとえば１９９７年まで米海軍が運用していたＡ－６イントルーダー攻撃機は、爆弾を満載した状態で800マイル、爆弾と外部燃料タンクを組み合わせた状態で1200マイル以上での戦闘が可能であった。しかし、米海軍当局はA－6攻撃機の後継機A－12攻撃機調達計画を捨て去り、戦闘半径500マイルにすぎないF／A－18スーパーホーネット戦闘攻撃機に全面的に依存することになった。また、新鋭のF－35Bステルス戦闘攻撃機（海兵隊仕様）の戦闘半径は400マイル、F－35Cステルス戦闘攻撃機（海軍仕様）は625マイルである。

これに対して、中国軍は地対艦弾道ミサイルや極超音速滑空体まで含んだ多種多様の接近阻止用対艦ミサイルによって、東シナ海や南シナ海に接近してくる米空母艦隊を撃破する態勢を強化している。そのため、米空母艦隊は少なくとも1000マイル以上の投射距離を確保しなければ、中国本土や沿岸海域の艦艇・航空機を攻撃することができない。

このような状態にもかかわらず、米海軍当局は長距離攻撃能力を有した航空機の開発に着手していない（予算規模の関係上「着手できない」）。早急に航空母艦に1000マイル以上の投射能力を持たせない限り、米海軍が誇ってきた空母艦隊は、中国軍との対決において活躍することは全く望めないことになる。

航空母艦を撃破するための手段

中国の接近阻止戦力が飛躍的に強化されたため、アメリカ海軍の象徴であった原子力航空母艦そのものが危機に直面していると、数多くの米海軍やシンクタンクの中国海軍戦略専門家たちが警鐘を鳴らしている。それにもかかわらず、米軍首脳を含むアメリカ指導層には中国の接近阻止戦力の威力を直視したがらない傾向があるため、それらの対中警戒派の人々は次のような危惧を抱いている。

「多くの政治家や軍首脳は中国の接近阻止戦力の恐るべき実力を明確に認識しておらず、『泣く子も黙る米空母艦隊を数セット、東シナ海や南シナ海に送り込めば、中国軍は沈黙せざるをえまい』といまだに信じているため、もし米中間に戦闘が勃発してしまった際に、伝統的セオリー通りに複数の空母艦隊を中国に向けて送り出しかねない」

このような警告が、中国軍がこれまで四半世紀にわたってアメリカ空母艦隊の接近を阻止する能力の構築を推進してきた結果、現在中国軍が手にするに至った航空母艦を撃破するための以下のような手段が存在するために、深刻に唱えられている。

第一の手段：地上（移動式発射装置）から発射する対艦弾道ミサイルによる攻撃

中国ロケット軍はＤＦ－21Ｄ対艦弾道ミサイル（最大射程距離１５５０㎞）とＤＦ－26弾道ミサイル（最大射程距離４０００㎞）によって、米軍の早期警戒監視の目が行き届かない中国内陸深部から日本列島沖西太平洋上や南沙諸島周辺を航行する米海軍航空母艦を撃沈する能力を手にしている。

第二の手段：ミサイル爆撃機からの超音速ミサイルによる攻撃

中国海軍Ｈ－６Ｊならびに中国空軍Ｈ－６Ｋミサイル爆撃機に搭載されるＹＪ－12超音速対艦ミサイルはマッハ３のスピードで目標に突入する。この方法自体は目新しいものではないが、ＹＪ－12は米軍艦が装備している対空防御システムの射程圏外から発射されるだけでなく、ＹＪ－12自体が防御を躱（かわ）すターンを繰り返しながら突入してくるため、迎撃することは極めて困難と考えられている。

第三の手段：極超音速兵器による攻撃

ＤＦ－17弾道ミサイルに装着されるＤＦ－ＺＦ極超音速滑空体は、最大で２５００㎞遠方の航空母艦にマッハ５～10のスピードで突入する。ＤＦ－ＺＦは、第一撃が失敗しそうな場合には自ら変針して攻撃目標に再突入することも可能な恐るべき兵器である。

第四の手段:ミサイル魚雷による攻撃

ミサイル魚雷というのは中国海軍による独創的兵器であり、艦艇から発射したミサイルがまずは高度1万mの上空をマッハ2・5で飛翔し、次いで海面すれすれの超低空を超音速で20㎞ほど巡航したのち攻撃目標手前10㎞で着水し、そこからは秒速100mのスーパーキャビテーション魚雷として目標に突入する。この攻撃を躱す防御システムは、現在存在しない。

純軍事的な中国脅威論に立脚する対中警戒派の人々は、中国軍がこれらの攻撃手段を擁するがゆえに、アメリカ政府や政治家たちがアメリカの威信を見せつけるために米海軍空母艦隊を送り出すことに反対している。というよりは、感情的な中国脅威論に流されて、中国との軍事対決へ突き進むことに慎重になるべきであると警告しているのである。

建造能力、メンテナンス能力も弱体化

すでに述べたように、米海軍の再興を掲げたトランプ政権は海軍強化策を打ち出し、

「355隻艦隊の建設」方針を決定し、実行に移し始めた。単純にいうと、戦闘艦艇の建造を加速させて295隻にすることにより、補助艦艇60隻と合わせて355隻艦隊を生み出そうというのであるが、退役する艦艇も少なくないので、少なくとも80隻以上の戦闘艦艇を建造する必要があると見なされていた。現在も艦隊増強策は続いているのであるが、上記の数字（2018年末の主要艦艇保有数は287隻、2023年末291隻）のように退役艦数を新造艦数が上回ることができないため、とても355隻の達成には至りそうもない。

すなわち、アメリカの軍艦建造能力ならびに軍艦メンテナンス能力がそれぞれ弱体化してしまっているため、355隻艦隊の誕生には少なくとも30年を要する、といわれている状態である。

たとえば、米海軍の軍艦は米国内の民間造船会社（インガルス造船所、バス鉄工所、ニューポート・ニューーズ造船所、ジェネラル・ダイナミックス・エレクトリック・ボート、オースタルUSAなど）が建造しているのであるが、現状においてすら有能な技術者や熟練工の不足傾向に苦しんでいるそれらの造船会社の建艦能力を飛躍的に高めることは、至難の技である。

それに、大艦隊を維持するためには軍艦のメンテナンスや修理が欠かせないが、そのメ

海南島で行われた中国初の強襲揚陸艦の就役式に出席する習近平国家主席（2021年4月、写真提供：時事）

ンテナンス能力も頭打ちというよりは欠陥状態に直面しているのが現状である。米海軍艦艇のメンテナンスや小規模な修理は、かつては海軍工廠と呼ばれていた4カ所の米海軍造船施設（ノーフォーク、ポーツマス、ピュージェット・サウンド、パールハーバー）で実施される。

ところが、それらの海軍メンテナンス施設での作業実績は極めて悪く、作業がオンタイムに完了した率はすべての海軍造船施設において50％以下であり、パールハーバーに至っては20％以下となっている。そして、70日以上メンテナンス作業が遅延した率は25％から40％と、極めて成績が悪い。その結果、軍艦を手にできない海軍の作戦は阻害される結果となってしまい、作戦が阻害されてしまった延べ日数は、およそ２０００日から４０００日以上という惨憺たる状況に陥っている。

　これらの海軍施設の老朽化は日に日に進んでおり、作業員の安全対策も遅れているため、作業員の質と士気の低下が加速しており、アメリカ海軍艦艇のメンテナンス状況はますます劣化していくことは確実である。

猛烈なスピードで軍艦を生み出し続ける中国軍

　このように、苦境にあえぐアメリカ海軍そしてアメリカの造船施設であるが、それらと反比例するように中国海軍、そして中国の造船施設は絶好調である。

　たとえば、２０２２年10月に中国海軍は０７５型強襲揚陸艦「安徽」を就役させた。「安徽」は同型艦の3番艦である。０７５型強襲揚陸艦の1番艦「海南」が就役したのは２０２１年4月であり、2番艦「広西」の就役は２０２１年12月であるので、中国海軍はわずか1年半のうちに3隻の強襲揚陸艦を就役させたのである。

　０７５型強襲揚陸艦は全長２３７ｍ、排水量4万トン以上で、ヘリコプター用飛行甲板とウェルデッキ（揚陸艇や水陸両用車両を収容・発着させる）を備えており、30機のヘリコプターを積載することができる。アメリカ海軍のワスプ級強襲揚陸艦とほぼ同じ大きさの軍艦である（ただし、ワスプ級には垂直／短距離離着陸戦闘攻撃機ＡＶ－８Ｂを24機、あるいはステルス戦闘攻撃機Ｆ－35Ｂを20機搭載できるため、ワスプ級のほうが０７５型より強力な航空戦力を保持している）。

アメリカ海軍は老朽化してきたワスプ級の後継艦と位置づけられているアメリカ級強襲揚陸艦の建造に取り掛かっているが、建造スピードが遅いため、３番艦「ブーゲンビル」の命名式が実施されたのが２０２３年12月であり、２０２４年中に就役する予定となっている。

現在、就役している２隻のアメリカ級強襲揚陸艦（１番艦「アメリカ」佐世保が母港、２番艦「トリポリ」）も、建艦計画の失敗によりワスプ級に取って代わることはできず、３番艦「ブーゲンビル」からがワスプ級の後継艦としての新鋭強襲揚陸艦と見なすことができる。いずれにせよ、１番艦「アメリカ」が就役したのが２０１４年12月であるため、アメリカ海軍は強襲揚陸艦を３隻就役させるのに10年かかってしまうことになるのである。

強襲揚陸艦に限らず、中国海軍は巡洋艦や駆逐艦それにコルベットやミサイル艇そして潜水艦など、様々な軍艦を猛烈なスピードで生み出し続けている。実際に中国海軍は米海軍などと戦火を交えたことはないため、真の戦闘能力レベルは判断しかねるものの、世界中からありとあらゆる手段によって最先端技術を取り込んで設計・開発されている中国軍艦の性能は、かなり高いものと米海軍などでは考えられている。

造船力と海運力は絶望的に劣勢

上述したように、海洋強国とは「海洋軍事力」だけでなく、強力な「造船力」すなわち巡視船も含んだ軍艦建造能力ならびに貨物船をはじめとする商業船舶建造能力などの造船能力（これには上述した艦艇船舶のメンテナンスや修理能力も含まれる）、ならびに国家経済を支える海上交易に関連する「海運力」（貨物船やタンカーなどをコントロールできる能力、自国に限らず他国の港湾施設などをコントロールできる能力、それらの人材を育成・確保する能力など）を合わせた能力を有した国家である。

アメリカと中国の造船力と海運力を比較すると、アメリカは絶望的に劣勢になっている。

たとえば中国（香港を含む、台湾はもちろん除く）は、他のどの国よりも多くの商業船舶を所有しており、その数は2位のギリシャのほぼ2倍である。また、世界の大型商業船舶

（コンテナ船などの貨物船やタンカーなど）の約半分を建造し、世界中のドライコンテナの96％を生産している。

このほかにも、中国企業は米国の港湾ターミナルを含む世界中の海上ターミナルやインフラに出資している。米海軍や連邦議会は、中国政府や中国軍が商業的または軍事的な利点を得るために世界中の海運データを使用して貨物の動きを追跡する可能性がある、と警告している。なぜならば、これらの海運データには商業船舶で輸送されている米軍装備の移動も含まれているからだ。

このように、中国は世界屈指の海洋強国となっており、シーレーンを行き交う数千隻の商業船舶、さらに多くの船舶を生産できる巨大な造船能力、世界のサプライチェーンの支配力を持ち、紛争が起きれば米国を屈服させることができるほどになっている。

油断しているうちに追いつかれた

上記のようなアメリカ海洋軍事力の低下と、それに反比例して予想を上回るスピードで強化され続けている中国海軍の状況に関しては、アメリカ海軍情報部やシンクタンクなどの中国海軍情報分析専門家たちから警告が常に発せられ続けてきた。

中国では、鄧小平の経済近代化路線を軍事面でバックアップするために１９８０年代中頃から海洋軍事力の近代化が開始されていた。その進捗状況や中国海軍戦略の内容などを長期的視点から分析することにより、「いずれ中国海軍が恐るべき存在になりかねない」といった推測をなす者は、すでに20年ほど前からアメリカ海軍情報部や海軍関係シンクタンクにも少なからず存在していた。

しかしながら、多くの政治家たちはもとより、東アジア方面には関心の薄い米海軍首脳や国防総省首脳たちは、そのような警鐘に耳を貸そうとはしなかった。それどころか、筆者の友人である中国警戒派の急先鋒であった海軍情報局大佐などは退役に追い込まれてしまった、というような事例もいくつかあったくらいだ。

事ここに至って、ようやく米国防総省も米連邦議会調査局も、中国海軍にアメリカ海軍が追い抜かれる現状を明確に表明している。しかしながら、いまだに中国の海洋軍事力に対して「数だけ多くても仕方がない」「高性能は見かけ倒し」「虚仮威し（こけおど）で実際は張り子の虎にすぎない」といった見方をする勢力が、アメリカにも日本にも少なくない。しかし、そのように相手方を見くびっているうちに、あっという間に追い抜かれてしまうというのが現実の姿であることを、直視しなければならない。

大いなる脅威・対艦弾道ミサイル

【アメリカの接近阻止戦略：海洋軍事力が弱体化したアメリカが、中国軍を抑え込むことができるレベルに海洋軍事力を強化するまでの期間における東アジア海域での覇権を維持するための基本戦略】

アメリカは中国とロシアを主たる仮想敵国に据え、両国を軍事的に抑え込めるだけの軍事力の増強を目指しているが、上記のようにアメリカ軍の大黒柱たる海洋軍事力は弱体化してしまっている。とりわけ中国軍と対峙する主たる戦域は南シナ海から東シナ海にかけての海洋ということになるため、海洋軍事力が中国軍を圧倒しなければとても中国軍を打ち負かすことなどできない。

しかしながら、中国軍は空母艦隊を主軸とするアメリカ侵攻軍が、東シナ海や南シナ海に押し寄せて軍事行動をすることを阻止するための戦力の構築を過去四半世紀にわたって着々と、しかも国際軍事常識に照らすと驚くべきスピードで推進してきた。その結果、アメリカ海軍艦隊や航空機が中国沿海域に近づいてきたならばたちどころに撃破するだけの防御力すなわち接近阻止戦力を完成させ、その威力は日に日に強化され続けている。

中国の接近阻止戦力の中でも、アメリカ国防当局がその完成と性能を公に認め、アメリカ海軍も大いなる脅威と位置づけているのが対艦弾道ミサイルだ。地上移動式発射装置（TEL）から発射されるDF－21DとDF－26Bならびにミサイル爆撃機から発射されるYJ－12（超音速巡航ミサイル）は、これまで長きにわたってアメリカ海軍が努力を傾注してきたイージス戦闘システムを中心に据えた艦隊防空システムの防御網を打ち破ることが確実視されている。そのため、とりわけ航空母艦や強襲揚陸艦などの大型艦にとっては極めて大きな脅威となる。

軍艦にとっては対艦弾道ミサイルよりもさらに脅威度が高い対艦極超音速滑空体も中国は開発に成功したとの情報もあるが、そのような秘密兵器的な対艦攻撃兵器だけでなく、中国軍が保有している対艦巡航ミサイルは駆逐艦、フリゲート、コルベット、ミサイル艇そして潜水艦といった艦艇から発射されるもの、ミサイル爆撃機や戦闘攻撃機から発射されるもの、そして地上移動式発射装置から発射されるものと多種多様にわたっている。また、海洋上空を接近してくる航空機を沿岸域の地上や沿海域海上の軍艦から撃墜するための対空ミサイルの性能も、極めて向上している。そのため、中国の接近阻止戦力はまさに世界最強ともいえるレベルに達しているのである。

その結果、中国近海に向かって艦艇や航空機とりわけ原子力航空母艦という超大型艦を中心に据えた空母艦隊が接近するのは、危険このうえない状態になっている。したがって、第二次世界大戦以来アメリカ海軍が固執してきた空母艦隊を攻撃の中心に据えるという伝統的戦略は、今や中国軍相手には用いることが不可能に近くなってしまった。

強襲上陸作戦の終焉

米海軍同様に、米海兵隊も中国との戦いに際しては伝統的な戦略を用いることができなくなっている。

太平洋での日本軍との戦い以来、アメリカ海兵隊は艦隊に乗り込んで敵地に接近上陸して海岸地帯の敵防御軍を打ち破って占領し、後続してくる大部隊を迎える、という流れの「強襲上陸作戦」を〝お家芸〟としてきた。

ところが、中国軍は対艦弾道ミサイルをはじめとする多種多様の対艦ミサイルシステムによって、アメリカ海軍が東シナ海や南シナ海で作戦行動を実施することを阻む態勢を固めてしまった。そのため、海兵隊が中国領域の海岸線に上陸するどころか、海兵隊侵攻部隊を強襲揚陸艦や輸送揚陸艦に積載した艦隊が東シナ海や南シナ海に接近すると、たちどころにミサイルが降り注いでくる、といった状況を想定せねばならなくなっているのである。

米海兵隊や米海軍は、実際に自ら戦闘を経験し、近い将来にも中国軍と戦闘を交える可能性があると考えているため、中国軍が実戦配備を進めている対艦弾道ミサイルや各種接近阻止戦力の性能を「張り子の虎にすぎない」といった具合に見くびることは厳に避けている。

恒常的に戦い続けている海兵隊指導部は、「対艦弾道ミサイルがそれなりの性能を持っていた」場合には、「米海軍が世界を睥睨してきた原子力空母が沈められ、数千名の将兵の命が100機近くの航空機と共に南シナ海に沈んでしまう」あるいは「目的地沖合に到着する前に、1800名の海兵遠征隊員と100名ほどの海軍将兵が、F-35戦闘機やオスプレイを積載した強襲揚陸艦と共に東シナ海の藻屑(もくず)となってしまう」と考えざるをえない。そこで海兵隊戦略家たちは、強襲上陸作戦という〝華やかな〟表看板を自ら下ろして、中国軍を相手に戦うための新たな戦略を打ち立てざるをえなくなってしまったのである。

過去の遺物となった米海兵隊の水陸両用作戦概念

そもそも、これまで米海兵隊が表看板に掲げてきた強襲上陸作戦に代表される水陸両用作戦を実施する能力は、基本的には１９３０年代に太平洋の島嶼における日本との軍事衝突を想定して生み出された作戦概念を土台にしている。その後の太平洋における日本軍との島嶼攻防戦や朝鮮戦争での上陸作戦などの経験を加味したとはいっても、基本的概念はすでに半世紀以上も経ているのだ。

ただし、水陸両用作戦に海兵隊や海軍が用いる兵器類は１９３０年代とは違ってヘリコプター、ホバークラフト、強襲揚陸艦、オスプレイ、ステルス攻撃機などの〝新兵器〟が加えられている。しかしながら、接近輸送手段やミサイルなどの攻撃兵器は飛躍的に進化しているものの、水陸両用作戦の基本的コンセプト（目的地沖合まで艦隊で接近して、海岸線に殺到上陸する）は80年前から抜本的に変化したわけではない。

海兵隊指導部が、勃発可能性が否定できない中国海洋戦力との水陸両用戦闘を実戦モードで想起すると、現状の水陸両用作戦概念の多くが過去の遺物となってしまったことを直視せざるをえない状況になっているのである。

なぜならば、中国海洋戦力が身につけている接近阻止戦力はあまりにも強力に成長しており、伝統的な水陸両用作戦を実施する以前に、そもそも米海軍遠征打撃群が海兵隊上陸侵攻部隊を発進させることができる海域に到達すること自体がはたして可能なのか？　という問題に直面してしまうからである。

第一列島線上に展開する「海兵沿岸連隊」の編成と育成

そこで海兵隊指導部は、海兵隊を〝伝統的な〟水陸両用作戦、すなわち一般的には強襲上陸作戦と理解されている水陸両用作戦を表看板とする組織から、強力な接近阻止戦力を擁する敵を想定した〝21世紀型〟の水陸両用作戦を担当する組織へと脱皮させようとしているのである。

すなわち、中国軍相手の上陸作戦は捨て去って、自らも地対艦ミサイルや地対空ミサイルを装備して第一列島線（九州～南西諸島～台湾～フィリピン群島～ボルネオ島）上に展開して東シナ海や南シナ海から第一列島線に接近してくる中国艦艇や航空機を待ち受ける、という戦略を実施するのである。

この新戦略を実施するために、すでに海兵隊は組織や兵器システムなどの大変革に着手しており、地対艦攻撃用兵器の調達を開始したり、第一列島線上に展開する新しい部隊である「海兵沿岸連隊」の編成と育成に力を入れ始めている。その反対に、新たな水陸両用作戦としての接近阻止戦略にはもはや不要となった戦車部隊を全廃するなど、組織内外の

第一列島線

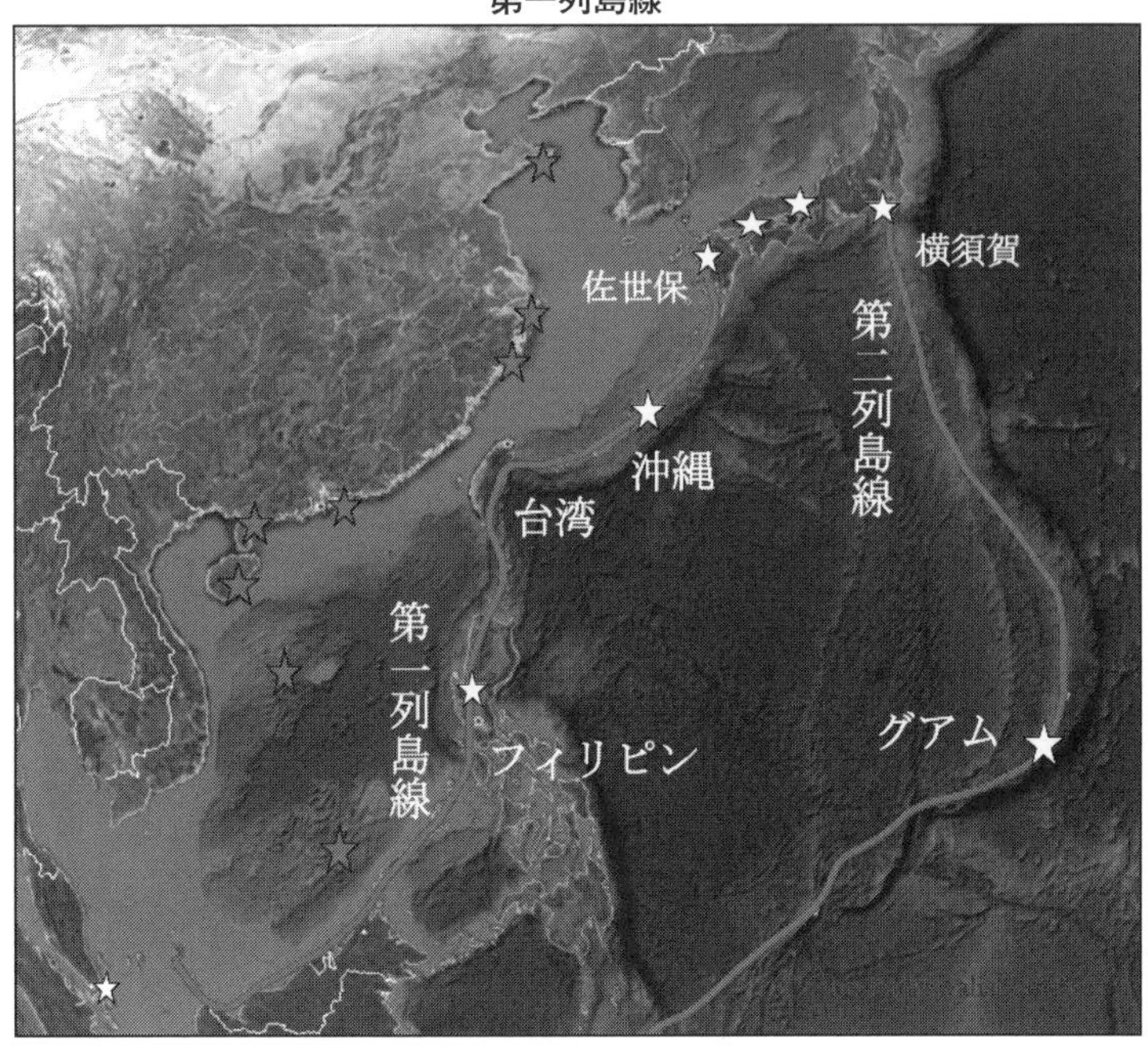

反発を押しのけながら新戦略に対応した組織づくりに邁進している。

中国軍を仮想敵とした東シナ海や南シナ海領域での戦闘における海兵隊の新たな水陸両用作戦は、中国軍の手に落ちていない第一列島線上の島嶼沿岸地域に地対艦ミサイルや地対空ミサイルを装備した海兵沿岸連隊を多数展開させて、中国艦隊や航空戦隊が接近するのを迎撃する態勢を固める。そして、中国側の隙を突いてさらに前方の島嶼などに海兵沿岸連隊を急展開させて対中国軍接近阻止エリアを拡大する。

このようにして、中国軍が南シナ海や東シナ海を自由自在に動き回れる範囲を狭めることにより、中国軍が第一列島線を越えて西太平洋に進出してくるのを阻止し、第一列島線内（東シナ海や南シナ海）に封じ込める米軍の戦略の一助となる、というものである。

要するに、太平洋側から中国大陸に向けて侵攻してくるアメリカ軍を、強力な接近阻止戦力によって第一列島線で釘付け（くぎづ）にすることを目論（もくろ）む中国軍の対米接近阻止戦略とは全く逆の対中接近阻止戦略を実施して、第一列島線に向けて接近を企てる中国軍を第一列島線上で待ち受け米軍の先鋒として戦闘を交えるのが、これからの米海兵隊の責務となるのだ。

第一列島線上から発射するミサイル

じつは、海兵隊が第一列島線上にミサイル部隊を展開させて中国軍を迎え撃とうという接近阻止戦略は、アメリカ陸軍も以前より準備を進めていた。これまでのイラクやアフガニスタンでの戦闘とは違って、中国と東アジア海域で戦う場合には島嶼部や海岸線が戦場になるため米陸軍のライバルである海兵隊に主役の座を奪われてしまう公算が大きい。そのため陸軍の戦略家たちは、海兵隊よりも以前から、地対艦ミサイルや長射程ロケット砲などを装備した陸軍ミサイル部隊を第一列島線上に配備する構想を生み出していた。そうすることによって、海兵隊と互角の立場で中国と対峙することができることになるため、陸軍は着々と準備を進めていたのであった。

結局、米陸軍も海兵隊も東アジア海域で中国と対決するためには第一列島線上にミサイルバリアを築いて待ち受けるという接近阻止戦略を用いることになったのであるが、それらの米軍の戦略にとって深刻な問題が生じた。すなわち、アメリカはいまだに極超音速対艦兵器や対艦弾道ミサイルや超音速対艦ミサイルはもとより、通常の地対艦ミサイルシステムも保有していないという現実である。

アメリカ海軍が装備しており、多くの国々の艦艇や航空機にも搭載されているハープーン対艦ミサイルは地上発射型に転換できるが、中国の最新対艦ミサイル技術から見ると「時代遅れ」そのものとなっている。この点では、中国には後れを取っているものの、日本が開発・製造している対艦ミサイル技術（艦艇発射型、航空機発射型、地上車両発射型）のほうがアメリカよりも進んでいる。しかしながら、日本側の宣伝不足なのか、アメリカが軍事的属国から主要兵器を購入したがらないのか定かではないが、アメリカはノルウェーから地対艦ミサイルを調達し、何とか急場を凌(しの)ごうしている。

ところが、接近阻止戦略を実施する方向で具体的な準備が進められるや、アメリカの覇道国家としての本性が頭をもたげてきたのである。というのは、第一列島線上に多数のミサイル部隊を展開させるのであるならば、ただ中国艦隊が接近してくるのを待ち受けているだけでなく、中国国内の軍港や港湾施設、航空関連施設や司令部施設、それに軍需研究生産施設などを第一列島線上から攻撃したほうが効率よく中国軍を封じ込めることができる、と考え出したのである。

そこで地対艦ミサイルに加えて、第一列島線上から中国本土を攻撃するためのミサイルも必要となったのだ。もっとも、アメリカ海軍は第一列島線周辺海域から中国本土を攻撃できるトマホーク巡航ミサイルを保有しているが、軍艦からの攻撃に第一列島線上の地上部隊からの攻撃が加われば極めて強力な中国本土攻撃が可能になる。

また、軍艦は中国軍の優秀な対艦攻撃ミサイルの餌食になる可能性があるが、軍艦に比べると極めて小さな標的にすぎない地上移動式ミサイル発射装置は、中国軍の攻撃から生き残る可能性が極めて高い。そのため、米陸軍と海兵隊が第一列島線上から中国本土を直接攻撃できるようになることは、対中接近阻止戦略にとっては何よりも重要な要素となるのである。

ＩＮＦ条約による制限

ここでまた米軍は問題に直面した。アメリカ軍は第一列島線上の地上から中国本土の軍港や港湾施設、航空基地などを攻撃するミサイルシステムを保有していなかったのである。なぜならばアメリカとソ連・ロシアの間にいわゆるＩＮＦ条約（中距離核戦力全廃条約）が存在していたからである。

通常ＩＮＦ条約（Intermediate-range Nuclear Forces Treaty：中距離核戦力全廃条約）と呼ばれていた米露間の軍備制限条約の正式名称は「Treaty Between the United States of America and the Union of Soviet Socialist Republics on the Elimination of Their Intermediate-Range and Shorter-Range Missiles」（米ソ間における中距離ならびに短距離ミサイル撤廃に関する条約）であった。つまり、略称のように「核弾頭を搭載した中距離ミサイル」だけを制限したのではなかった。

ＩＮＦ条約による制限の対象は、地上から発射される短距離ミサイル（最大射程距離５００〜１０００㎞のミサイル）と中距離ミサイル（最大射程距離１０００〜５５００㎞のミサイル）であった。それには核弾頭が搭載されているミサイルも、非核弾頭が搭載されているものも含まれている。

また弾道ミサイルも、巡航ミサイルもともに含まれていた。ただし、地上から発射されるミサイルに限定されているため、航空機や艦艇（水上艦、潜水艦）から発射されるミサイルはＩＮＦ条約による制限の対象外であった。

要するに、ＩＮＦ条約によってアメリカとロシアが制限を受けていた「ＩＮＦミサイル」とは⑴最大射程距離が５００㎞から５５００㎞の、⑵地上から発射される、⑶核弾頭と非核弾頭のいずれが搭載されているかを問わない、⑷弾道ミサイルならびに巡航ミサイル、ということになる。

ただしトランプ政権下でＩＮＦ条約が消滅していたため、ロシアを睨んでＮＡＴＯ諸国に駐屯しているアメリカ軍に配備したり、中国を睨んで第一列島線上に展開させるために急遽、地上発射型の短・中距離ミサイルの開発を開始した。先陣を切って調達が始まるのは、技術的に生産が最も容易であり、かつ攻撃効果が大きい地上移動式発射装置から発射する短・中距離弾道ミサイルである。

米陸軍は最大射程距離およそ８００㎞のＰｒＳＭ短距離弾道ミサイルを大量に調達中であり、引き続き最大射程距離およそ２０００㎞の Typhon 中距離弾道ミサイルも調達し、最大射程距離およそ５０００㎞の極超音速兵器も開発することになっている。一方、海兵隊は地上発射型トマホーク長距離巡航ミサイルを装備することになり、２０２４年からは地対艦ミサイルとともに地上攻撃用長距離巡航ミサイルをも装備した長距離ミサイル砲兵中隊が続々と誕生することになっている。

地上発射型ミサイルの利点

このように、アメリカ軍は海兵隊や陸軍のミサイル部隊に地対艦ミサイルや長距離巡航ミサイル、それに射程距離２０００km前後の準中距離弾道ミサイルなどを装備したミサイル部隊を第一列島線上に多数展開させて、ミサイルバリアを形成できるような準備を着々と進めている。

もちろん、中国軍が第一列島線を自由に越えて西太平洋に繰り出してこないようにする接近阻止戦略は、第一列島線上に展開する地上部隊だけではなく、第一列島線周辺海域や空域に出動する海軍部隊や航空部隊によっても実施されるのであるが、艦艇や航空機を増強するには時間がかかるだけではなく、上記のように現在のアメリカの造艦能力では増強そのものが難しい状態である。

また、駆逐艦や巡洋艦の場合、一隻に数十発の対艦ミサイルや長距離巡航ミサイルを搭載できるため、一両に2～4発程度のミサイルしか搭載できない地上移動式発射装置に比べると、はるかに強力な攻撃能力を有している。

しかしながら、軍艦に比べると極めて小型の地上移動式発射装置（大型トラックから大型トレーラー程度の車両が用いられる）は敵に発見されにくいため、撃破される可能性が低い。それに万一、敵の攻撃を受け破壊されても地上移動式発射装置の場合は失う兵員数とミサイル数は極めて少ないのに対して、軍艦が撃破された場合には数十名数百名の死傷者が生ずるだけでなく数十発のミサイルも失ってしまう。したがって、多数の地上ミサイル部隊を分散配置したほうが、最悪の場合には敵の攻撃からの生存性が高いことになる。

このような理由により、海兵隊や米陸軍に地対艦ミサイルや長距離巡航ミサイル、それに短距離弾道ミサイルなどを装備させて、多数のミサイル部隊を第一列島線上に展開させるという手段を中心に据えた。アメリカは「接近阻止戦略」を、海洋軍事力が弱体化したアメリカが、中国軍を抑え込むことができるレベルに海洋軍事力を強化するまでの期間における、東アジア海域での覇権を維持するための基本戦略に据えているのである。

第一列島線上にはアメリカの領土は存在しない

海洋国家防衛原則に則った制海三域のうち前方制海域を敵の沿岸域というよりは敵領内に設定し、先制攻撃によって国益を維持することを鉄則としているアメリカは覇道国家と見なさざるをえないのであるが、その覇道国家たる面目躍如たる戦略こそ、中国と対決する際の接近阻止戦略である。

なぜならば、第一列島線上から中国へミサイルを撃ち込む態勢を整えているのはまさに鉄則通りなのであるが、そもそも第一列島線上にはアメリカの領土は存在していないのである。にもかかわらず、他国の領土である第一列島線上にアメリカ軍ミサイル部隊を配備することを大前提としているのだ。通常の国家であるならば、このような発想は抱かず、もし浮上したとしても最後の手段ということになるであろう。

もっとも、第一列島線北部（対馬〜九州〜南西諸島〜与那国島）は日本の領土であるため、同じ第一列島線上にあるマレーシアやアメリカの同盟国フィリピンと違って、アメリカはほとんど軋轢（あつれき）を生ずることなしに第一列島線北部にミサイルバリアを形成することができる。

というのは、日米安保条約ならびに日米地位協定、そしてそれに付属する合意という法的枠組みによって、日本領内においてはアメリカ軍が作戦上、必要と認めた地域に海兵隊と米陸軍のミサイル部隊を展開させることが可能であるからだ。まさに日本がアメリカの軍事的属国たる所以(ゆえん)である。

中国は日本各地の米軍ミサイル部隊を攻撃する

日本政府あるいは国会が「アメリカ軍は作戦上必要とする場合、日本領内の適宜の地域に展開することができる」という日米の取り決めを無効にする動きに出ない限り、南西諸島の島々から九州全域はもちろんのこと、場合によっては本州から北海道に至る日本列島津々浦々で、アメリカ海兵隊やアメリカ陸軍のミサイル発射装置、ミサイル管制装置、レーダー装置などを搭載した各種大型トレーラーが走り回る状況となることを、アメリカの接近阻止戦略は当然のこととしている。

そして、台湾問題あるいは南沙諸島問題などを口実として米中軍事紛争に立ち至ってしまった場合には、アメリカ軍の伝統的鉄則通りに予防的反撃という名目を打ち立てて、日本列島各地に展開する多数の長距離巡航ミサイルや弾道ミサイル、それに対艦ミサイルによって、中国各地の軍事施設や民間港湾施設や飛行場、それに軍艦を攻撃する。アメリカによると、この先制攻撃はあくまでも台湾や南沙諸島に軍事力を行使しようとしている中国の侵略行為に対する先制的反撃ということになる。アメリカの戦いは常に正義の戦いなのである。

　アメリカ軍の攻撃に対して中国軍は反撃するが、まずは日本列島各地に展開するアメリカ軍のミサイル部隊を攻撃することになる。しかし、地上移動式発射装置を捕捉して攻撃破壊するのは至難の業であるため、中国軍は絨毯爆撃的ミサイル飽和攻撃を実施することになるかもしれないため、そうなればアメリカ軍が展開している日本各地では多大な損害が生ずることは避けられない。しかしながら、被害を被るのは日本国民であり、アメリカ国民ではないのだ。

日本を捨て駒に用いらせるな

　アメリカの軍事力、とりわけ海洋軍事力が中国の海洋軍事力を抑え込めるレベルに達するまで（アメリカ軍自身でも２０３０～２０３５年までには無理と考えている）は、アメリカ軍は中国に対しては接近阻止戦略を取らざるをえない。

　そのような状況下において、日本が日米同盟に頼りきり、アメリカの軍事的属国状態であることに何の疑問も感ぜず（あるいは積極的にそのような状態を受け入れ）、アメリカが「ロシアは敵」といえば日本でも「ロシアは敵」になり、アメリカが「中国は敵」といえば日本でも「中国は敵」になる、という状況が続いている限り、アメリカが接近阻止戦略に立脚して中国と軍事衝突したならば、日本は戦場（というよりはミサイル落下列島）と化し、多くの日本国民が命を失い、財産を破壊される運命に見舞われてしまうことは避けられそうにない。

アメリカに日本を平気で捨て駒に用いる発想の対中接近阻止戦略を諦めさせ、「初めに軍事衝突ありき」という覇道国家的な対中対決姿勢を改めさせるには、日本がアメリカだけではなく、いかなる国の軍事的保護をも求めない永世中立国として日米同盟から離脱するしか策はない。そのようにして日本がアメリカの軍事的属国から真の独立国として生まれ変わったならば、アメリカの接近阻止戦略に巻き込まれて多くの国民やインフラが犠牲になる恐れもなくなり、アメリカが別の覇道国家的新戦略を捻（ひね）り出して戦争を始めても、永世中立国として局外に立つことになるのである。

第2章

日米同盟離脱と重武装永世中立主義

その他の方策に対する思考停止状態

日本がアメリカの軍事的従属国という状況から完全に独立を回復するには、第二次世界大戦敗戦後の占領態勢の残滓(ざんし)から完全に脱却しなければならない。すなわち日米同盟から離脱する必要がある。

アメリカの軍事的属国となって久しい日本では、「アメリカとの〝同盟〟から離脱する」というと、「それでは中国の軍門に下り、中国と同盟するのか」といった類の論調が見受けられる。このような発想は、それこそ長年にわたってアメリカの軍事力に頼りきってきた軍事的属国ならではの独立自尊の精神を喪失した感覚といわざるをえない。

アメリカの軍事力による庇護(ひご)を期待し、病理的に頼っている状態を「空気のように当たり前の日常」と受け入れてしまっているうちに、「アメリカの軍事的保護(ただし、それが日本側が一方的に期待する通りに実現するかどうかは甚だ心もとない状況となっている)を離れる」ということは「アメリカに代わる軍事大国にすがりつく」ことを意味することになり、その他の方策に対して思考停止状態に陥ってしまっているのだ。

いまこそ日本は、アメリカの軍事的属国から独立国へと脱皮しなければならない。そうしなければ時を経ずして、一世紀にわたりアメリカの属国状態が続くことになり、その際にはもはや「伝統ある独立国・日本」などという概念は忘れ去られてしまいかねない。

王道国家になりうる可能性を秘めた「永世中立国」

日本が軍事的に頼る相手を鞍替(くらが)えするのではなく、(1)いかなる第三国間の軍事衝突に際しても軍事的には完全な中立を維持し、(2)平時においてはいかなる軍事的同盟関係にも参加しない、という永世中立主義（Permanent Neutralism）を厳格に遵守していく方針を国際社会に宣言したうえで、「永世中立国」として日米同盟から離脱する。

そうすれば、いくら日本の同盟離脱により日本領域内を前方展開軍事拠点や訓練場として自由気ままに用いることができなくなることにより、国益を損なうことになってしまうアメリカといえども、日本に対して経済制裁などを科すことはできない。

もしアメリカが妨害行動に出れば、永世中立国として平和を希求しようとする日本を軍事的対決の枠組みに無理やり留め置こうとするアメリカは、自由世界のリーダーなどという綺麗事(きれいごと)を掲げていても、その正体が覇道国家の親玉であることを改めて国際社会に曝(さら)け出してしまうことになるからだ。

永世中立国というと「平和」のイメージと直結しがちであるが、そもそも永世中立国の概念は戦乱に明け暮れていたヨーロッパで誕生した。対立している軍事強国が、強国間に位置している弱国や、あるいは強国間で争っていた弱国を、どちらの側の利になるような動きもさせないようにしてそれぞれの強国の軍事的優位を損なわせないために、国家間の条約という形で弱国を中立化させたのが起源である。

国際条約に基づく世界の永世中立国

条約による永世中立国の代表例が、1815年に国際条約によって永世中立国となったスイスである。

当時、軍事強国であったフランスとオーストリアの干渉地帯に位置していただけでなく、地理的にヨーロッパの中央に位置する戦略的要衝のスイスは、ナポレオン戦争後のヨーロッパ諸王国間の秩序再建のためのウィーン会議において、オーストリア、イギリス、ロシア、フランス、プロシア（ドイツ）、スペイン、ポルトガル、スウェーデンの8カ国によって永世中立国とされた。

その後も、1831年にはベルギーがイギリス、フランス、プロシア（ドイツ）、オーストリア、ロシアによって永世中立国とされ、引き続いて１８６７年にはルクセンブルグがイギリス、フランス、プロシア（ドイツ）、オーストリア、ロシア、オランダ、イタリア、ベルギーによって永世中立国とされた。

ただし、ベルギーとルクセンブルグは第一次世界大戦中に中立条約締結国であるドイツによって軍事侵攻を受け、その後両国とも永世中立を放棄した。１９２９年にはバチカン市国がイタリアとローマ教皇は国際関係における中立性を維持するとの内容を含む条約を締結し、それ以来永世中立国とされている。

第二次世界大戦後も、１９６２年には14カ国間の条約（ジュネーブ合意）によってラオスが、１９９１年には19カ国間条約（カンボジア和平パリ協定）によりカンボジアがそれぞれ永世中立国化された。ただしラオスは、１９７７年にベトナムと駐留条約を締結したことによって中立は失効したと見なされている。また、カンボジアも中国との密接な関係からその中立は建前だけのものと見なされている。

条約によって永世中立国化された場合には、必ずしも中立国化された国自身が中立を強く希求していたわけではない場合が多い。１８１５年の中立化以来、今日に至るまで永世中立国としての地位を維持し続けてきており、永世中立国の代名詞ともなっているスイスは、ウィーン会議当時には強い中立化の意思を何も持っていなかったという。

自ら宣言した永世中立国

このような国際条約による永世中立国と違って、自ら積極的に永世中立国として立場を維持する旨の宣言を国際社会に対してなすことによって、永世中立国化した国々も存在する。

第二次世界大戦で敗戦国となったオーストリアは、1955年に国内法で永世中立を国是となし、国際社会の国々に承認を求め、61カ国から承認を得て永世中立国として認識されている。非武装国家として軍備を持たないコスタリカは、1983年に大統領宣言を発し、国際社会の国々に通知したものの、オーストリアのように承認は求めなかった。

実際にアメリカは、アメリカの支配圏と自認している中米に永世中立国が存在するのを認めたがっておらず、コスタリカ領内に軍事的施設を秘密裏に設置するなどの中立侵害行為を実施している。

コスタリカに引き続いて、1992年にトルクメニスタンは永世中立宣言をなし、欧州安全保障協力会議、中東中央アジア経済協力機構、非同盟諸国首脳会議といった国際機関に支持を求め、引き続き1995年の国連総会で承認決議が採択された。国連総会決議には国際法的拘束力はないものの、国際社会から承認された永世中立国と見なされている。そして、モンゴルは２０１５年に国連総会での永世中立宣言承認を得る意向を表明した。

上記のような条約による永世中立国でもなく、国際社会に対してなした宣言すなわち「国際社会に永世中立主義に立脚する旨を公約する」といった国際法的な枠組みによる永世中立国でないが、永世中立国とされる国家もある。自国の外交政策の基本原則として永世中立主義を希求するという立場を鮮明に打ち出し、その方針に従って外交政策を実施するのであるが、国際環境の変動に応じてその政策を変更する可能性を留保する、という方針を採る国家である。

永世中立主義に準拠する外交政策は変更される可能性があるとはいっても、個々の戦争に対して中立を貫くというたんなる戦時中立国ではなく、より永続的な期間にわたって永世中立主義を維持するこのような国々は「事実上の永世中立国」と呼ばれており、広義の永世中立国とされている。

本書における永世中立国の定義

以下本書では、あえて限定を付さない限り「条約による永世中立国」「宣言による永世中立国」そして「事実上の永世中立国」のすべてを永世中立国と呼称する。

【永世中立国（広義の永世中立国）】

1：国際法的な枠組みによる永世中立国（狭義の永世中立国）

・条約による永世中立国

・宣言による永世中立国

2：事実上の永世中立国

【右記に基づく世界の永世中立国（傍線は条約、宣言による中立国を示す）】

・スウェーデン（事実上の永世中立国）

1814年から2022年まで、ロシアのウクライナ侵攻により放棄

・ノルウェー（事実上の永世中立国）

1814年から1940年まで、ドイツの侵攻により廃棄

・スイス（条約による永世中立国）

１８１５年から現時点（２０２４年初頭）においても維持

・ベルギー（条約による永世中立国）
１８３９年から１９１８年、１９３９年から１９４０年、ともにドイツの侵攻により廃棄

・オランダ（事実上の永世中立国）
１８３９年から１９４０年まで、ドイツの侵攻により廃棄

・デンマーク（事実上の永世中立国）
１８６４年から１９４０年まで、ドイツの侵攻により廃棄

・ルクセンブルグ（条約による永世中立国）
１８６７年から１９１４年まで、１９２０年から１９４０年まで、ともにドイツの侵攻により廃棄

・リヒテンシュタイン（事実上の永世中立国）
１８６８年から現時点においても維持

・アンドラ（事実上の永世中立国）
１９１４年から現時点においても維持

・アイスランド（事実上の永世中立国）
１９１８年から１９４０年まで、連合軍の侵攻により廃棄

・バチカン市国（条約による永世中立国）
１９２９年から現時点においても維持

・アイルランド（事実上の永世中立国）
１９３９年から現時点においても維持

・サンマリノ（事実上の永世中立国）

１９４５年から現時点においても維持

・モナコ（事実上の永世中立国）
１９４５年から現時点においても維持

・オーストリア（宣言による永世中立国）
１９５５年から現時点においても維持

・フィンランド（事実上の永世中立国）
１９５６年から２０２２年まで、ロシアのウクライナ侵攻により放棄

・ラオス（条約による永世中立国）
１９６２年から１９７７年まで、ベトナムとの軍事協定により放棄

・マルタ（事実上の永世中立国）
１９８０年から現時点においても維持

・コスタリカ（宣言による永世中立国）
1983年から現時点においても維持、非武装国家のためアメリカが中立を侵害する動きを見せている

・カンボジア（条約による永世中立国）
1991年から現時点においても維持、ただし中国との関係から疑問が呈されている

・トルクメニスタン（宣言による永世中立国）
1992年から現時点においても維持

・モルドバ（事実上の永世中立国）
1994年から現時点においても維持

・セルビア（事実上の永世中立国）
2007年から現時点においても維持

・ルワンダ（事実上の永世中立国）
２００９年から現時点においても維持

・ウズベキスタン（事実上の永世中立国）
２０１２年から現時点においても維持

・ガーナ（事実上の永世中立国）
２０１２年から現時点においても維持

・モンゴル（宣言による永世中立国）
２０１５年に国連総会の承認を得る意向を表明した

・ハイチ（事実上の永世中立国）
２０１７年から現時点においても維持

日本が永世中立国としてアメリカの軍事的属国から独立するには、極めて強固な中立の意思を国際社会に認識させる必要がある。なんといっても日本は第二次世界大戦の敗北によってアメリカに占領されて以降、アメリカの軍事的属国状態が長らく続いてきた事実は国際社会に遍(あまね)く知れ渡っているのである。

したがって、かつてのスウェーデンやフィンランドのように永世中立主義を標榜(ひょうぼう)する外交政策を明確にする「事実上の永世中立国」では、日本の永世中立国化は国際社会に対して説得力が若干弱い。なぜならば「事実上の永世中立国」であるスウェーデンやフィンランドは、ロシアのウクライナ侵攻と、それを好機としてＮＡＴＯ非加盟ヨーロッパ諸国へのアメリカによるＮＡＴＯ引き込み攻勢が功を奏して、永世中立主義を捨て去って（ただし一時的な政策であるかもしれないが）しまった、という現代的事例があるからだ。

同じくロシアによるウクライナ侵攻に際して、やはりアメリカをはじめ反ロシア陣営からの強い揺さぶりがあったものの、１８１５年のウィーン条約以来の永世中立国であるスイスと、強い国家意志を持って自ら国際社会に向かって宣言をなすことによって永世中立国化したオーストリアは永世中立主義を堅持している。

永世中立と国連の経済制裁は矛盾しない

日本としては、国際情勢に応じて永世中立主義を変更する可能性がある「事実上の永世中立国」ではなく、より強固な永世中立主義に立脚しているスイスやオーストリアのような「国際法的な枠組みによる永世中立国」化をもって、これまでアメリカの軍事的属国であった日本が、完全な軍事的非同盟政策に転換する姿勢を内外に強くアピールしなければならない。そのため、日本は日米同盟廃棄通告と同時に、アメリカを含む国際社会を構成するすべての国々や国際連合などの国際機関に対して永世中立宣言をなす必要がある。

国際連合が存在し、日本もその構成国になっている現在、スイスが永世中立国化した19世紀と違って、永世中立主義と国連の関係という問題が存在する。国際連合の制度では、安全保障理事会が国連加盟国による武力行使の状態を平和に対する脅威・平和の破壊・侵略行為と認定して、脅威国・破壊国・侵略国に対して経済制裁あるいは軍事制裁を科することになっている。

このうち経済制裁は国連加盟国に義務付けられる場合があるが、軍事制裁は国連加盟国にとっては非拘束的であり、義務付ける規定はない。

首脳会談を行うスイスのカシス大統領兼外相（当時、左）と岸田文雄首相（2022年04月、写真提供：時事）

オーストリアやスイスは、経済制裁は国連加盟国に義務付けの可能性があるとはいっても、永世中立主義の軍事的中立とは抵触しないという判断をなしている。

集団安全保障の国際機関である国際連合のもとでは戦争は違法とされているため、伝統的な国際法上の戦争は現実には発生し難く、事実上の戦争、武力行使が一般的となっている。そして、そのような武力行使をした国が国連安保理によって脅威国・破壊国・侵略国と認定された場合には、その武力行使は国際法的な犯罪的行為と見なされるがゆえに、国連による「制裁」が決定されるのである。

すなわち、このような軍事衝突に対しては伝統的な国際法的戦争に関する中立義務は生じないことになる。したがって、犯罪的行為に対する純然たる経済制裁は軍事行動への参加とは見なしえず、中立の立場を損なうものではないと理解され、オーストリアやスイスの永世中立と国連の経済制裁は矛盾しない、と見なされているのである。

一方、軍事制裁の規定は国連参加国に対する制裁参加義務規定が存在しないとはいっても、安保理の認定による制裁の決定を自動的に正当と評価するには問題があり、永世中立主義と国連による軍事制裁は矛盾するのではないか、としてスイスは国連への加盟を長くためらっていた。

しかしながら、国連参加国の義務である経済制裁への参加と義務ではない軍事制裁の参加を峻別（しゅんべつ）する、という論理のもとに国連に加盟したという経緯がある。

「積極的な中立姿勢」と見なされるように

もう一つ、永世中立国が誕生した19世紀当時とは国連をはじめとする国際機関の出現により、永世中立主義の位置づけが変わってきている。

伝統的に永世中立というと、第三国間の戦争には関わりたくないという消極的な動機のみが注目されがちであった。穿った見方をするならば、永世中立の伝統的イメージは国家間、国家集団間の軍事的勢力均衡を是認しそのバランスを利用して自国の安全を確保するために不介入の立場を維持しようとする、日和見的二股主義あるいは自己中心的ともいえる外交姿勢とも見られなくはなかった。

しかしながら第二次世界大戦後、国連をはじめとする国際機関が主導して大規模災害救援や人道支援活動、それに平和維持活動などの国際協力活動が実施されるようになった。そこで、軍事目的が存在しない国際協力活動に対して、オーストリアやスイス、それにスウェーデンやフィンランドなどヨーロッパの永世中立国が積極的に協力することによって、国際社会から身を引くことによって国際紛争に巻き込まれないようにしつつ、交易活動は継続するという自己中心的な外交姿勢である、といった永世中立主義に対する否定的な見方を払拭する努力を重ねてきた。

そのため、現代の永世中立主義は、国際社会から一歩身を引いて戦争には巻き込まれないという消極的な中立ではなく、軍事的な対立対抗関係を持たない永世中立国という特性を生かして、非軍事的事象の幅広い分野において積極的に国際社会に関与する「積極的な中立姿勢」と見なされるようになりつつある。したがって、現代の永世中立国は自国の国益保護のためだけの中立ではない「積極的中立」と呼ばれる役割を担うようになっている。

伝統的中立は、たんに戦争の局外に立つという戦時国際法上の中立概念であり、戦争の存在を前提にしていた。

これに対して現代の積極的中立は、より高次元の中立であり、国家の利益を追求するための戦争そのものを否定する立場にあり、戦時国際法上にとどまらず平時においても軍事的中立を維持し〝積極的に〟戦争の発生に反対し、防止に努めることを国是とする外交政策を意味していると考えることができる。

現代的意味合いでの永世中立国は、東洋的用語で言う王道国家に類似していることになる。とするならば、日本が現代の積極的中立という意味合いでの永世中立主義を標榜して、覇道国家アメリカとの軍事同盟から離脱することは、まさに王道国家を目指す第一歩といえるのである。

中立が踏みにじられた過去の例

永世中立主義に立脚している国は現時点（２０２4年初頭）においては19カ国（若干、疑問が呈される国も含めて）であり、２００近くある国々の数から見ると極めて少ない。また、歴史的に見てもごく少数の国々、主にヨーロッパの小国が永世中立主義に拠っただけである。

このように数少ない永世中立国ではあるが、それらの中立が侵害され踏みにじられてしまった事例は少なくない。そのため、永世中立主義の実効性に疑義が持たれることになってしまいかねないのである。

ベルギーは第一世界大戦以前には永世中立国（1831年にイギリス、フランス、プロシア＝ドイツ、オーストリア、ロシアによって永世中立国とされた）とされており、その隣国のルクセンブルグも同じく永世中立国（1867年にイギリス、フランス、プロシア＝ドイツ、オーストリア、ロシア、オランダ、イタリア、ベルギーによって永世中立国とされた）とされていた。

しかし、第一次世界大戦が勃発し、フランスとイギリスがドイツの主敵となるや、ドイツ・フランス・イギリスの緩衝地帯に位置しているベルギーとルクセンブルグの中立はドイツによって踏みにじられてしまった。

ただし、占領されてしまった両国国民にとっては軍事侵攻を受けたという結果は変わらないが、ドイツの戦争目的はなにもベルギーとルクセンブルグの征服そのものではなく、主たる目的であるフランスやイギリスへの軍事侵攻を優位にするための前進拠点の確保にすぎなかった。

一方、第一次世界大戦以前にはオランダも永世中立主義に立脚していた。ベルギー同様にオランダも、ドイツ・フランス・イギリスの緩衝地帯に位置しており、ドイツ側からもイギリス側からも協力するよう圧力や脅迫が加えられたが、ベルギーよりも自衛戦力が強力であったこと、ならびにオランダは歴史的にドイツには好感情を持っていたこと、逆にイギリスがその植民地である南アフリカでボーア人（オランダからの移民）を不当に扱っていたため対英感情が悪かったこと、などが相まってドイツによるオランダ侵攻は起きなかった。

また、イギリス側もオランダに圧力をかけてはいたものの、軍事力の行使までには至らなかった。そのため、第一次世界大戦の期間を通してオランダの中立は保たれた。

第一次世界大戦で中立を踏みにじられたベルギーは、第一次世界大戦の戦勝国であるフランスとの軍事同盟を締結するが、１９３６年には再び永世中立国へと回帰した。しかし、１９４０年に再びドイツによるフランスとイギリスとの戦争の口火が切られると、両陣営の緩衝地帯に位置していた中立国ベルギー、オランダ、ルクセンブルグはナチスドイツ軍の電撃作戦によって瞬く間に占領され、ドイツによる対仏攻撃、対英攻撃の前進拠点と化してしまった。

スカンディナヴィア三国の戦略的価値

ドイツ・フランス・イギリスの地理的緩衝地帯というわけではないが、ドイツにとってもイギリスにとっても戦略的に重要な中間地帯に位置しているのがデンマーク、ノルウェー、スウェーデンである。それらスカンディナヴィア三国も第一次世界大戦中にはオランダ同様に中立を維持することができた。

しかしながら第二次世界大戦期には、航空機の発達や潜水艦を含む軍艦の性能向上のために、海軍戦略上の観点からナチスドイツ軍にとってもイギリス軍にとってもスカンディナヴィア三国の戦略的価値は飛躍的に高まった。

とりわけドイツにとっては、スウェーデンの鉄鉱石輸入は軍需生産の死命を制するほど重要であり、スウェーデンの鉄鉱石をドイツに搬出するためのノルウェー沿岸の港湾や搬出航路周辺のデンマークがイギリスの手中に落ちたら、イギリスとの戦争などは覚束なくなることは明白であった。逆に、イギリスとしてはノルウェーやスウェーデンがドイツ側の手に落ちる前に自陣営に引き込むか戦略要地を占領してしまうべきであると考えていた。

このように、ドイツ側もイギリス側も独英軍事衝突を前提としてスカンディナヴィア三国、とりわけノルウェーを我が物にしようと準備を進めていた。すなわち両陣営にとって、軍事的に弱体であったノルウェーの永世中立主義などは問題にすることなどはなかったのである。

ドイツの軍門に下ってしまったノルウェー

このような状況下で１９４０年４月９日、ドイツ軍はノルウェーとデンマークに奇襲侵攻を実施した。ドイツと不可侵条約を結んでいた軍備が極めて弱体なデンマークは、数時間でドイツ軍に占領されてしまった。

一方、ノルウェー海軍はドイツ侵略軍に対して反撃したものの、圧倒的な戦力差のためノルウェー軍はたちまち危機的状態に陥ってしまった。また、以前より国内で活動していたノルウェーナチス党が〝裏切り者政府〟すなわち対独協力政府の樹立を掲げて蜂起するなど政治的混乱状態が生じてしまった。かねてよりノルウェーをドイツに支配されることを阻止しようとしていたイギリスは軍隊を送ったが、たちまち苦戦に陥った。

そのため、ノルウェー国王は歴史的に密接な関係のある隣国の中立国スウェーデンに退避して亡命政府を樹立しドイツへの抵抗を続けようと国境へと向かった。しかし、永世中立国スウェーデンとしては、すでにドイツの攻撃を受け、イギリスが介入し始めたノルウェーの国王一行を受け入れると、中立を自ら放棄することになり、確実にドイツ軍の侵攻を受けることになってしまうため、ノルウェー国王一行の亡命を拒絶した。

結局、ノルウェー国王は苦難の末イギリスで亡命政府を樹立したが、ノルウェーに出動したイギリス軍も敗退して、ノルウェーはドイツの軍門に下ってしまった。

侵攻に対抗可能な防衛力を身につけたスウェーデン

歴史的に密接な隣国ノルウェーを見捨てる形で自国の中立を維持したスウェーデンは、その後もナチスドイツへの鉄鉱石や高精度ボールベアリングの供給を継続し続けるとともに、危険極まりないヒトラーの強硬な要求を、表面上は中立義務を破らない形で、しかし現実にはドイツ軍の領内鉄道輸送などを黙認したりしながら、何とか躱しつつ中立を維持しようとした。

ただし、一部の中立義務を実質的には違反しつつも外交政策で中立状態を維持する努力と並行して、ドイツによる北欧侵攻が開始されて以降軍事力の強化に邁進した。第二次世界大戦が終局に近づいた頃には、スウェーデンは機甲装備で身を固めた兵力60万以上の陸軍と、潜水艦を含む50隻以上の軍艦を擁する海軍を手にすることにより、ドイツの侵攻に対抗可能な防衛力を身につけるに至っていたのである。

〝とばっちり〟を被る可能性が高い

このように永世中立国スウェーデンは、第二次世界大戦前期には自己中心的と批判されても仕方がないような中立維持のための外交政策によってドイツやイギリスの軍事攻撃を躱し、大戦後期には外交政策に加えて防衛戦力の飛躍的強化によってナチスドイツ軍の侵攻意思を阻み、何とか中立を維持したのであった。

スウェーデンの事例は、戦争当事国にとって戦略的に有用な中立国が、その中立を踏みにじられる危険性が極めて高いことと、そのような軍事的脅威を切り抜けて中立を維持するには、中立違反をもあえてなしつつ、屈辱的ともいえる外交手段を取らなければならない可能性を永世中立主義が包含していることを物語っている。

以上のようなヨーロッパにおける第一次世界大戦や第二次世界大戦での中立諸国の中立が侵害されたり危機に瀕したりする状況は、たとえ軍事侵攻国の戦争目的が中立国そのものにあるわけではなくとも、戦略上の必要性から中立国の中立が踏みにじられてしまう、すなわち中立国は、その地勢的あるいは戦略的価値に応じて軍事的〝とばっちり〟を被ってしまう可能性が高いことを如実に示しているのである。

永世中立国の権利と義務

永世中立国の起源が、軍事大国間のパワーバランスの論理から軍事小国を緩衝地帯にするという目論見によって生み出された、という経緯があるため、戦争から制度的に距離を置くための永世中立主義によって享受できる権利は少なく、永世中立主義に伴う義務は多い、という特徴がある。

権利

・永世中立国の領域と主権は原則として侵害されない
・永世中立国の通商活動の自由は交戦国により原則として尊重される

義務

A：禁止義務

・交戦国を差別的に取り扱ってはならない
・交戦国に対して直接的援助を与えてはならない
・交戦国に対して間接的援助を与えてはならない

B：受忍義務

・交戦国による臨検を受忍しなければならない
・交戦国による戦時禁制品の没収を受忍しなければならない
・交戦国領内に入った中立国の鉄道の徴用を受忍しなければならない

C：阻止義務

・交戦国の軍隊を自国の領土内を通過させてはならない
・交戦国の武器弾薬軍需物資を自国の領土内を通過させてはならない
・自国の領水内で交戦国に軍事的行動をさせてはならない
・自国の領水内を交戦国に軍事拠点として利用させてはならない
・自国の領域（領土・領海・領空）内に交戦国の通信拠点や中継点を設置させてはなら

ない

・自国の領域（領土・領海・領空）内において交戦国に敵対行為をさせてはならない

・交戦国の軍隊ならびに武器弾薬軍需物資を自国の領海内を通過させてはならない

D：永世中立国特有の義務

◎いかなる軍事同盟にも参加してはならない

◎自国領域内に外国の軍事的基地・施設を設置させてはならない

◎国連憲章の定める個別的自衛権発動の場合以外には武力を行使してはいけない

永世中立国が期待することができる権利は、次の2つである。

(1)第三国間が戦争状態に陥った場合、交戦諸国によって永世中立国の領域は侵害されず、永世中立国が有する主権も原則として侵害されることはない。

(2)第三国間が戦争状態に陥った場合、永世中立国の通商活動の自由は、全面的にではないものの、交戦諸国により尊重される。

これらの戦時において保障される（可能性を期待できる）権利に比べると、永世中立国が戦時において、あるいは何らの戦争が発生していない平時においても遵守しなければならない義務（以下「中立義務」）が海戦中立条約、陸戦中立条約などの国際法や国際的慣習によって規定されている。

４つの中立義務

これらの中立義務は、「A．禁止義務」：いかなる中立国（永世中立国、ならびに特定の戦争に関して中立を表明した戦時中立国）といえども戦時において実施してはならない義務、「B．受忍義務」：いかなる中立国（永世中立国、戦時中立国）といえども戦時において交戦国の行為を受け入れなければならない義務、「C．阻止義務」：いかなる中立国（永世中立国、戦時中立国）といえども戦時において交戦国の行為を阻止しなければならない義務、そして「D．永世中立国特有の義務」：永世中立国が戦時だけでなく平時においても遵守する必要がある義務、と大きく４通りに分類することができる。

A－1・中立国は交戦諸国を差別的に取り扱ってはならない

たとえばアメリカと中国が交戦状態に陥った場合、永世中立国・日本はたとえばアメリカとの貿易を継続し、中国との貿易を制限したり、中国国民の日本入国を許可し、アメリカ国民の日本入国を禁止したりする、といった交戦国双方に対して差別的な取り扱いをしてはならないという義務。

A－2・中立国は交戦諸国に対して直接的援助を与えてはならない

アメリカと中国が交戦状態に陥った場合、永世中立国・日本はアメリカに戦闘機部隊を貸与したり、中国に潜水艦戦隊を貸与したりするといった直接的軍事援助をなしてはならないという義務。ただし、中立国である日本の国民が国家の意思とは無関係に個人レベルで傭兵（ようへい）としてアメリカ軍に参加して中国軍と戦い、あるいは義勇兵として中国軍に参加してアメリカ軍と戦うことを、日本政府が妨げる義務はない。

A－3・中立国は交戦諸国に対して間接的援助を与えてはならない

たとえばアメリカと中国が交戦状態に陥った場合、永世中立国・日本はアメリカに戦闘機の部品を供給したり、中国に軍資金を供与したりといった間接的軍事援助をなしてはならないという義務。ただし、中立国である日本の国民や企業が国家の意思とは無関係に個人レベルでアメリカ軍あるいは中国軍に武器弾薬を売却したり寄贈したり、アメリカあるいは中国に資金を貸与あるいは寄付することを、日本政府が妨げる義務はない。

Ｂ－１・中立国は交戦国による臨検、戦時禁制品の没収を受忍しなければならない

たとえばアメリカと中国が交戦状態に陥った場合、米中両国はそれぞれ国際社会に対して、交戦相手国ならびに敵の同盟諸国に対して搬入してはならない品目（たとえば武器、弾薬、兵器の部品、軍事用通信機器、兵器製造に供される鉄鋼などの原材料、場合によっては軍事用に転換可能との理由でかなり広範囲の民生品をも含む）を戦時禁制品として通告することになる。

そして、アメリカ海軍ならびに中国海軍の軍艦が公海上を航行中の船舶を臨検（強制的に停船させて監視将兵を乗り込ませ、船内に戦時禁制品を積み込んでいないかどうかを検査する）し、戦時禁制品を積載していた場合には、その禁制品を没収したり廃棄することを戦時国際法は認めている。

米中間が戦争状態に陥っていても、永世中立国である日本の交易活動を米中双方は容認せねばならないし、日本政府の意思とは別に個人レベルでの間接的援助は中立国の義務違反にはならないが、戦時禁制品に対する米中双方の臨検を受けたり積載物を没収されることにより日本の船舶が不利益を被っても、日本政府は容認しなければならない、という受忍義務がある。

B－2・中立国は交戦国領土内に入った自国の鉄道の徴用を受忍しなければならない

そもそも、中立国に関する国際的取り決めはヨーロッパ諸国間で確立されたため、中立国の鉄道貨車が交戦国の領土内に入ってしまう事態が想定された。たとえばドイツとフランスが交戦状態に陥った場合、ドイツ領内を通過していた中立国ベルギーの貨車をドイツが接収して以後ドイツの貨車として使用しても、ベルギー政府は意義を申し立てることができないという受忍義務。現在、陸上国境を有さない日本にとっては無関係な中立義務である。

C－1・中立国は交戦国の軍隊を自国の領土内を通過させてはならない

この中立義務は、陸上国境がひしめき合うヨーロッパでの戦時中立を想定して確立された中立国の義務である。四囲を海に囲まれている現在の日本にとっては、ほとんど想定し難い義務である。

たとえばアメリカと中国が交戦状態に陥った場合、中国に侵攻するアメリカ海兵隊が日本の中立を踏みにじって日本領土に艦艇や航空機で接近し、日本領土内に上陸し、日本領土内を通過し、日本領土から艦艇や航空機で中国に向けて侵攻を開始する、という流れが無理やり想定できなくはない。

この場合、アメリカは永世中立国の権利を完全に否定する国際的暴挙を犯すことを意味する。そもそも、中立維持のために抵抗する日本側の抵抗を排除しつつ日本領内を通過するために、多大の軍事資源と貴重な時間を費やしたうえで中国に侵攻する、などという価値は全く存在しない。現実的には、この中立義務は完全なる島嶼国である日本には無関係である。

C－2・中立国は交戦国の武器弾薬軍需物資を自国の領土内を通過させてはならない

この中立義務も、島嶼国家である日本にとっては無関係な義務といえる。わざわざ武器や弾薬その他の軍需物資を日本にいったん荷揚げして日本領内を通過させ再び船舶や航空機に積載して海洋に送り出すという冗長な搬送手段は軍事的に無価値である。

C－3・中立国は自国の領水内で交戦国に軍事的行動をさせてはならない

たとえばアメリカと中国が交戦状態に陥った場合、アメリカ軍航空母艦が西太平洋の日本領海内から東シナ海海上の中国軍艦に向けて攻撃機を発進させたり、中国軍艦が日本海の日本領海内から西太平洋上のアメリカ軍艦に向けて対艦巡航ミサイルを発射したりする、といった軍事的行動を中立国である日本は阻止する義務がある。かつては軍艦による軍事的行動は兵器や武器を何らかの形で使用する〝目に見える〟行動であったため「軍事的行動をさせない」という規定は理解しやすかった。

しかし軍事技術が進展した現在、電子機器による敵情探索や電子攻撃など〝目に見えない〟軍事行動も増大した。そのため、日本の領海内を交戦国の軍艦が通航する事態そのものを軍事的行動と見なさざるをえない状況である、と考えるべきである。したがって、永世中立国である日本は、交戦国双方の軍艦を日本領海内を通航させないようにする義務を負っていることになる。

C－4・中立国は、自国の領水内を交戦国に軍事拠点として利用させてはならない

たとえばアメリカと中国が交戦状態に陥った場合、アメリカ海軍艦隊が瀬戸内海を前進拠点としたり、中国海軍艦艇が南西諸島の日本領海内に分散して展開し、西太平洋を東シナ海に向かうアメリカ艦艇を迎え撃つ態勢を維持したりする、といった具合に日本の領海内を交戦諸国が軍艦の集積地や出撃拠点あるいは迎撃前進拠点などとして利用することを阻止する義務を日本は果たさねばならない。

C－5・中立国は、自国の領域（領土・領海・領空）内に交戦国の通信拠点や中継点を設置させてはならない

たとえばアメリカと中国が交戦状態に陥った場合、アメリカ軍あるいは中国軍が日本領土内に通信施設やレーダー施設などを設置したり、日本領海内に軍艦や民間船舶を展開させて通信活動やレーダー装置などによって電子情報活動などを実施したり、日本領空に航空機を飛行させて通信活動や電子情報活動を実施する、といった活動を阻止する義務を永世中立国・日本は負っている。

C－6・中立国は自国の領域（領土・領海・領空）内において交戦国に敵対行為をさせてはならない

たとえばアメリカと中国が交戦状態に陥った場合、東シナ海から宮古海峡（沖縄島と宮古島の間の海域）を西太平洋に抜けようとする中国艦隊を西太平洋のアメリカ艦隊が迎え撃つ艦艇間の海戦や航空機同士の空中戦を、沖縄や宮古島周辺の日本領海内や日本領空内で展開させることを日本は阻止しなければならない。

永世中立国である日本は、米中間の戦況がいかなる事態に発展しようともアメリカ軍な

らびに中国軍が日本の領海内、領空そして領土内で戦闘行動をなすことを容認してはならず、阻止する義務を果たさなければならない。

C－7・中立国は交戦国の軍隊ならびに武器弾薬軍需物資を自国の領海内を通過させてはならない

四囲を海で囲まれている日本の場合、上記C－1とC－2は除外することになる。これら陸戦中立条約のC－1とC－2に対応する規定は海戦中立条約では定められていない。しかしながら陸戦中立条約や海戦中立条約が誕生した時代と違い、現代においては軍艦や軍用機の性能が向上し、戦闘機能も多様化している。そのため、戦時において交戦国の高性能・多機能軍艦や軍用機が中立国の領海を通過することは直ちに沿岸国の平和と安全を害するものと見なすことができる。

そのため、「海洋法に関する国際連合条約」第19条の規定によって無害通航権は認められず、戦時において交戦国の軍艦や軍用機が中立国の領海内・領空内を移動することそれ自体が軍事行動と見なされる。

したがって、海戦中立条約の規定（上記　C－3）と「海洋法に関する国際連合条約」第19条によって、中立国は交戦国の軍隊ならびに武器弾薬軍需物資は中立国の領土だけでなく領海・領空をも通過させてはならないことになる。たとえば、アメリカと中国が交戦状態に陥った場合、アメリカ海軍艦艇も中国海軍艦艇もともに日本領海内を通行させない義務を日本は負っていることになる。

ただし、南西諸島の中間部の沖縄本島と宮古島の間の宮古海峡は２５０㎞もの幅があり、日本の領海に属さない海域が２００㎞もあるため、両軍軍艦はほぼ自由に通航できる。また、大隅海峡、対馬海峡東水道、対馬海峡西水道、津軽海峡、宗谷海峡といった狭隘な海峡を日本は特定海域として公海部分の設定をしているため、その公海部分ならば両国軍艦は自由に海峡を通過して構わないことになる。

D－1・戦時と平時を問わず、永世中立国はいかなる軍事同盟にも参加してはならない

戦時において、交戦当事国の一方側と軍事同盟を締結していれば中立国とはいえないのは当然であるが、永世中立国は何ら戦争状態が生起していない平時においても、いかなる国や国家集団との軍事同盟に参加してはならない。

D－2・戦時と平時を問わず、永世中立国は自国領域内に外国の軍事的基地・施設を設置させてはならない

いかなる中立国といえども、戦時においては上記C－4、C－5に規定されているように交戦諸国の軍事基地や軍事施設を自国領内に設置させてはならないだけでなく、中立国の意思に反してそのような軍事拠点を確保しようとする試みを阻止する義務を負っている。だが、それに加えて永世中立国は、平時においてもいかなる外国の軍事基地や軍事的施設を自国領域内に設置させてはならない義務を負っている。

平時であるというからには、交戦国というものは存在していないため、将来どの国が交戦国として戦争に参加するかは不明である。したがって永世中立国の領域内には、自国以外のいかなる国家の軍事的施設をも設置あるいは使用を容認してはならないのである。

永世中立国であるコスタリカの領内に、ニカラグア内戦に関与していたアメリカ中央情報局が秘密裏に軍事施設を設置してしまった事例があるが、この際コスタリカは軍備を持っていないため、武力を行使してアメリカの基地を排除することはできなかったし、そのような意思もなく、ラテンアメリカ諸国をはじめとする国際社会に幅広く働きかけてニカラグア内戦に和平をもたらすという外交的手段によって、アメリカにもコスタリカの中立を容認させた。

要するに、永世中立国コスタリカはアメリカに自国領内に軍事基地を設置されてしまったものの、外交的手腕でもって除去させることに成功し、結果的にはD－2の義務を果たしたということができる。

ただし、永世中立国が自国領域内に外国の軍事的基地・施設を設置させてはならないという義務は、自国の軍隊の基地や施設を外国の領域内に設置する場合には国家間の協定や条約に基づいてなされるという国際常識を大前提にした中立義務と考えられる。コスタリカの事例は、アメリカ中央情報局などの各国諜報機関がしばしば行っている他国の主権を無視した秘密作戦の一環であり、厳密にいうならば、Ｄ－２が想定している中立義務の対象にはならないと考えるべきであろう。

Ｄ－３・永世中立国（国際連合に加盟している場合）は国連憲章の定める個別的自衛権発動の場合以外には武力を行使してはいけない

永世中立国が国際連合に加盟している場合、この永世中立国は国連憲章51条が国連加盟国に認めている2種類の自衛権、個別的自衛権ならびに集団的自衛権、を有していることになるが、いかなる軍事的紛争に対しても中立の立場を維持する永世中立国である以上、自国以外の防衛のために交戦諸国の一方に参加することになる集団的自衛権を発動することは禁止されている。すなわち国連憲章が国連加盟諸国に固有に備わっている権利と規定しているといえども、永世中立国が集団的自衛権を行使することは許されず、他国間のいかなる武力紛争にも参加してはならない。永世中立国が発動できる国連憲章51条に規定されている自衛権の発動は、個別的自衛権の行使に限定される。

阻止義務を果たす武力行使は戦争行為と見なされない

日本が永世中立主義を国是とする旨を国際社会に宣言した場合、上記のような数多くの義務を果たさない限り、あるいは果たす態勢を整えない限り、日本は国際社会から永世中立国として認知され、かつそのように取り扱われることは期待できないのである。

日本が国際社会から永世中立国として認められ、中立国としての権利を保障される（と期待できる）ために戦時そして平時において果たすべき義務を、本書では上記のように4種類のタイプ（A：禁止義務、B：受忍義務、C：阻止義務、D：永世中立国特有の義務）に分類した。

それらのうちA：禁止義務、B：受忍義務、D：永世中立国特有の義務は、日本の永世中立主義に対して他国が圧力を加える事態を想定した義務ではなく、基本的には日本自身の意思によって実施可能な義務であり、何ら軍事的な手段を用いることなく果たすことができる中立義務である。

これらに対して阻止義務は、中立国に対する交戦諸国による軍事的な中立侵害行動を想定し、そのような中立侵害行為を中立国は阻止しなければならないという中立義務である。場合によっては、中立国自身が軍事力を用いなければ中立義務を果たすことができない状況も十二分に想定される。そのため、中立侵害を排除する阻止義務を果たすためになされた中立国による武力行使は国際法的には戦争行為とは見なされない。

武力を行使し、阻止義務を果たしたスイス

中立義務履行のための武力行使の実例としては、第二次世界大戦中のスイスの事例が有名である。

第二次世界大戦が近づくと、ヨーロッパの不穏な情勢に対応して、スイスはドイツ製戦闘機とドイツ製対空砲によって防空態勢を厳重に固めていた。１９４０年、スイス領空にドイツ軍航空戦隊が侵入すると、スイス軍は中立侵害を排除するために迎撃し、ドイツ軍機11機を撃墜した。それらの衝突には、スイス空軍メッサーシュミットＢｆ１０９戦闘機戦隊とドイツ空軍メッサーシュミットＢｆ１１０戦闘爆撃機戦隊の空中戦も含まれていた。

しかし、ドイツ製兵器によってドイツ軍が損害を受けたことに激怒したヒトラーがスイス政府を脅迫・威嚇したため、スイス軍は侵入機を撃墜ではなく強制着陸させる方針に切り替えた。

その後1943年になると、連合国軍機によるスイス領空侵犯やスイス領内誤爆が頻発するようになった。そのためスイス軍は再び撃墜も辞さない方針に切り替え、イギリス軍爆撃機とアメリカ軍爆撃機を6機撃墜した。ただし、スイス軍機も米軍戦闘機によって撃墜されている（米軍側はメッサーシュミットであるがゆえにドイツ軍機と誤認した、と主張している）。戦後アメリカはスイスに対して、誤爆などに対する巨額の賠償金を支払った。

永世中立国スイスに対するドイツ軍機、イギリス軍機、アメリカ軍機による中立侵害行為においては、ドイツ側も連合国側もスイスに侵攻する意図などは全く有しておらず、敵勢力を攻撃するためにスイス領空を一時的に利用しようとしたのである。つまり、スイスに対する敵意はなかったのではあるが、スイスにとっては中立侵害行為であることには変わりない。このような永世中立国による中立侵害に対しての軍事力をもっての反撃は、戦争行為とは見なされないのである。

「重武装」の意味

永世中立国として新生した日本が阻止義務に分類される中立義務を厳格に果たすためには、日本自身が少なくともそれらの義務を果たしうるであろう程度に強力な軍事力を保有していること、すなわち「重武装」が国際法的に前提とされていると考えられている。

中立国の義務の規定の主たる根拠となっている海戦中立条約や陸戦中立条約などは、中立国がそれらの義務を果たすために武力を行使した場合でも交戦国に対する敵対行為にはならない、と明確に規定していることが「重武装」を前提としていることを示している。

ただし、永世中立国が中立国に課せられた阻止義務を果たすために相当なる軍事力を保有することが国際法的な要請となっているという考え方に対して、非武装中立論者などは、国際法における規定は中立国が武力を行使してでもそれらの阻止義務を果たさねばならないと要求しているわけではない、と異議を唱えている。

もし永世中立国にしろ戦時中立国にしろ、中立を標榜する国が阻止義務を履行するために必要な軍事力を全く保有していない場合には、そのような非武装中立国は、

(1)交戦諸国双方が自発的に国際法を遵守し中立国の権利を尊重することを期待する
(2)交戦国双方に対して自国領域内では軍事的行動を差し控えるよう懇願する
(3)もし交戦国によって中立国として期待していた領域不可侵権が踏みにじられてしまったならば、その侵害国に抗議をする

という選択肢しか手にできないことになる。要するに、阻止義務履行のための軍事力保有を放棄している非武装中立国、あるいは極めて弱小な自衛戦力しか保持しようとしない中立国は「自国の中立を貫徹するために、中立国に課せられている国際的な義務を守る」といった強い意志に欠けている、と見なされざるをえないことになる。すなわち非武装中立国は「真剣に中立という立場を貫く国家ではない」と見なされても致し方ない、といえよう。

繰り返しになるが、永世中立主義を堅持するためには中立に対する侵害を排除して中立を維持する義務を果たさなければならない。中立の侵害には、外交的侵害のみならず軍事的侵害も含まれる。もちろん中立国である以上、いかなる形にせよ他国の軍事的援助を受けることはできないため、中立国は徹頭徹尾、自主防衛能力だけによって中立の侵害を排除しなければならない。

したがって、純理論的には、永世中立国化には非武装中立という選択肢は存在せず、中立に対する軍事的侵害を排除するために必要十分なる武装を固めることが中立国の義務ということになる。すなわち永世中立国化する日本は、日本自身の防衛にとって必要不可欠な範囲に限定しつつも、最も強力なレベルの自主防衛力を備えねばならないのだ。本書では、日本の永世中立国化を非武装中立と峻別するためにあえて「重武装永世中立」と呼称するのである。

ただし「重武装」といっても、アメリカのように世界中に築き上げた覇権を維持するために世界各地に軍事的圧力を加えることを想定した大規模な軍事力を意味するわけではない。あくまでも日本自身の国防すなわち、

⑴永世中立国としての各種中立義務を果たし、
⑵日本の領域（領海、領空、領土）を自力で防衛し、
⑶日本の海洋交易も相当程度のレベルで自立的に防衛する

という国防の目的にとって、必要最小限レベルにおける最大規模かつ最高能力を備えた少数精鋭の軍事力を「重武装」と呼称するのである（重武装の内容は第４章参照）。

日本の永世中立国化に異を唱えるであろう勢力

第二次世界大戦敗戦後に日本占領統治の絶対的支配者であったマッカーサーは、日本の非武装永世中立国化を推進しようとした。しかしながら中国大陸や朝鮮半島への共産主義勢力の浸透を食い止めるために、アメリカにとって必要な限度において日本を再武装させ、アメリカの軍事的属国として使用する価値が生じたため、日本の非武装永世中立国化のアイデアは捨て去られてしまった。

もっとも、マッカーサーによる日本の永世中立国化は、歴史的に軍事強国の緩衝地帯をつくり出すために弱小国が押し付けられた非武装中立国化であり、永世中立国としての日本は現在以上に、アメリカの属国として極めて脆弱な立場に立たされる運命であった。

マッカーサーが一時的に企図したように、日本の永世中立国化がアメリカあるいはその他の軍事強国の属国化の手段としての非武装中立化であった場合には、そのような中立国化を認めない国々は少なくないであろう。中立国という看板を掲げさせられたアメリカの属国である日本を、アメリカが自由自在に利用してしまう可能性が極めて高いため、アメリカと敵対する勢力にとってはこの種の「見せかけの中立化」は絶対に受け入れられないのが当然といえよう。

しかし、日本が自らの強い意志と覚悟を持ってアメリカの軍事的属国という現状から離脱して名実ともに軍事的中立を希求するための永世中立国化であるならば、日本による中立宣言そのものに対して反対する理由を有するのは、日米同盟が消滅することにより不利益を被る勢力に限定されることになる。

日米同盟が消滅すると不利益を被ることになるのは、まず第一に同盟の一方当事国のアメリカということになる。

たしかに、70年以上にわたって日本に巨大な前進軍事拠点を手にし続けてきた米海軍、米海兵隊そして米空軍にとっては甚大な既得権益の喪失ということになる。より長い目で見ると日本の完全なる独立は、ペリーによる琉球や日本への軍事恫喝以降、着々と築き上げ維持してきた極東での軍事的覇権というアメリカの国益に大きな傷をつけることになる。

とりわけ、日本はアメリカから軍事的に自立できるわけがないと見くびり、日本を軍事的属国として取り扱うことができる日米地位協定とそれに関連する各種取り決めを最大限に利用し、日本をアメリカの覇権維持のための防波堤（弾除け）に仕立てようと目論んでいる一部米政府・軍部・議会関係者たち、にとっては「日本の永世中立国化」など思いも寄らない番狂わせということになる。

しかしながら、アメリカの政界・軍部は決して一枚岩というわけではないし、日米同盟から離脱する日本が反米勢力と同盟するというのではなく軍事的中立、それも永世中立国へと転換するという以上、それに異を唱えたり妨害するのは、露骨にアメリカの軍事的覇権を維持しようという醜い国益追求行為であることを国際社会に見せつけ、国際社会における民主主義勢力のリーダーというアメリカの表看板に泥を塗ることになってしまう。そのため、上記のような「日本を利用しよう」と画策する勢力による日本の永世中立国化の意思を露骨に阻む動きは、米国内政治的には力を得ることはできないであろう。

日本においても、アメリカに媚びへつらうことで自らの地位を確保してきた日本国内の多くの買弁的政治家たち、そして「どの国の国益のために奉仕してきたのかわからない」ような一部官僚たちをはじめとした日米関係の抜本的変化により既得権益や地位などが脅かされることを忌み嫌う「面倒な日本の独立よりも、現状維持に胡座をかいていたほうが自らの利益を害さない」と考える勢力には、日本の永世中立国化による独立よりも軍事的属国状態の継続のほうが都合がよい。

そのため、これらのアメリカの虎の威を借りて自らの権益や地位を維持してきた勢力は、当然のことながら、日米同盟が消滅すれば日本はアメリカによる経済的・外交的報復を被るかのごときストーリーを様々なチャンネルを通して宣伝に努めて日本国民に恐怖心を与えたり、現実的な中立政策である重武装中立を空想的な非武装中立と同段に論じてその価値を貶める、などの妨害工作をなして日本の永世中立国化に強く異議を申し立てるであろう。

日本民族の自尊心を取り戻す

多くの日本国民にとってまことに始末が悪いことには、このような日本国内のアメリカ追従勢力あるいは日米同盟至上主義者たちの大半は「愛国者」の仮面をかぶり「日本の伝統を守る」といった立場を表看板に掲げている場合が多い、という状況である。そして、あたかも日米同盟を保持することこそ日本の独立を維持する唯一無二の方策である、と多くの人々に思い込ませる努力を重ねているのだ。

しかしながら、真の「愛国者」あるいは真に「日本の伝統を守る」という立場であるならば、軍事的属国状態を是とするはずがなく、苦難の道を乗り越えねばならずとも１３００年の伝統ある独立国家という立場を取り戻そうとするはずである。まさに自らアメリカの手先となっている似非（えせ）愛国者たちは、自ら論理破綻を来（きた）しているのだ。

何事においてもやる気のない人々は「どうせ、できはしない」と端から反対する。日本の現状を軍事的には卑屈なまでにアメリカに従順な半属国と認識し、伝統ある歴史を有する日本民族としての自尊心を取り戻して真の独立国として生まれ変わらせようとするならば、重武装永世中立国化こそが理にかなった途なのである。

第3章

日米同盟離脱と非核政策

「核の傘」にすがりつく価値はあるか

日本が永世中立国となるべく日米同盟から離脱するに際して、「日本の核抑止力はどうなるのであろうか？」という疑問が生起するであろう。長年にわたって日米同盟によって日本は「核の傘」で守られている、と一般的には信じられてきているため、このような不安は極めて自然なものと思われる。

そこで本章では、アメリカが日本や韓国などを軍事的属国としてつなぎ留めておく切り札として標榜している（というよりは、日本側が過度に期待している）「核の傘」すなわち拡大核抑止（米国の核抑止力の提供）が、はたして日本がすがりつくだけの価値があるものなのか？ そして日本が永世中立国として独立してアメリカの「核の傘」から抜け出ることによって、日本は核攻撃の危機にさらされることになるのであろうか？ という疑問を検証してみよう。

次に、日本が永世中立国としてアメリカから独立するにあたっては非核政策を維持する必要があること、ならびに軍事技術の進展に伴い非核戦略兵器（核抑止が期待できる通常兵器）により核抑止力を得るという方策も選択肢として浮上してきているが、非核政策を標榜する永世中立国・日本としてはいくら非核政策に抵触しないとはいえ強力な非核戦略兵器による核抑止力を構築するメリットはほとんどない、という永世中立国・日本の非核政策について論ずることとする。

日本への第一次核攻撃を思いとどまらせる

「核の傘」の論理によると、もし外敵Xが日本に対して核攻撃、「第一次核攻撃」を実施した場合には、アメリカが日本に代わってXを核攻撃、「第二次核攻撃」するため、第二次核攻撃を恐れるXは、日本に対する第一次核攻撃を思いとどまる、ということになるのである。

拡大核抑止の概念が誕生した半世紀以上も以前であるならば、信憑性(しんぴょうせい)を持ちうる可能性もないではない論理であった。当時の大陸間弾道ミサイルは地上に設置された半地下式発射装置から発射される仕組みが主流であった。そのため、第一次核攻撃を敢行したXに対する反撃としてのアメリカによる第二次核攻撃に際しては、Xの核ミサイル発射基地が標的に加えられるため、第二次核攻撃を被ったXはもはや、アメリカに対して核ミサイルを撃ち込み返すことはできなくなってしまうのである。

したがって、核攻撃により損害を被るのはXの第一次核攻撃による日本と、アメリカの第二次核攻撃によるXであって、アメリカが核攻撃の被爆国になる可能性はない。Xにしてみれば、たとえ日本を核攻撃したとしてもX自身も核攻撃を受けてしまい、日本の背後にいるアメリカは全く被害を受けない、という状況は「割が合わない」ことになる。したがって、Xはアメリカによる第二次核攻撃を恐れて日本に対する第一次核攻撃を思いとどまる公算が極めて高い、というわけである。

原初的な核ミサイル攻撃ははるか過去のもの

しかしながら、極めて確率は低いと考えられるものの、Xが第二次核攻撃を受けるのを覚悟の上で日本に対する核攻撃を敢行してしまった場合は、アメリカによる拡大核抑止すなわち核の傘が引き裂かれてしまったことになってしまう。

しかし、アメリカとしては同盟諸国にさらなる不信の念を起こさせないために懲罰的報復としての第二次核攻撃をXに対して実施し、Xの核ミサイル基地や重要戦略目標などは破壊してしまうのである。そして、核攻撃を被ってしまった哀れな日本の復興を支援するとともに、核の傘を無視して対日核攻撃を敢行したXは異常な狂人国家であり、Xによる対日核攻撃は例外中の例外であるとのレトリックを国際社会に流布させ、拡大核抑止が無効になったわけではない、との宣伝をするのである。

このような原初的な核ミサイルによる攻撃の時代は、はるかに過去のものとなってしまっている。現在、アメリカが拡大核抑止の主たる対象としている中国やロシアの対米核攻撃用弾道ミサイルの多くは、地上移動式発射装置ならびに戦略原子力潜水艦に積載されている。したがって、X（中国あるいはロシア）が日本に対して第一次核攻撃を実施した場合、アメリカによるXに対する第二次核攻撃でXの対米攻撃用核戦力を壊滅できる可能性はゼロと言いきれる。

つまり、日本の代理反撃としてのアメリカによるXに対する核攻撃が実施されても、Xの核戦力は間違いなく生存している。そのため、アメリカによる第二次核攻撃が実施されたならば、Xはアメリカに対して核兵器による反撃――「第三次核攻撃」――を実施することになる。その結果、Xと日本という第三国間の戦争に同盟国・日本を支援するために介入したアメリカ自身も、核ミサイルの被爆国になってしまう結果となる。

そのため、アメリカは自国が核攻撃を被ってまで日本のために第二次核攻撃を実施するのか？　という大いなる疑問が生じる。当然ながら、人類史上唯一の核使用国それも二度も核攻撃を実施したアメリカ自身、唯一の被爆国である日本に勝るとも劣らないほど核攻撃に対する恐怖心を強固に保持している。

そのアメリカが、自国領内に核ミサイルが降り注ぎ、多数のアメリカ国民が広島と長崎以上に悲惨に殺戮(さつりく)されてしまう事態を覚悟の上で、日本のためにXに対する第二次核攻撃を実施することを期待することは不可能である。すなわち現時点では、「核の傘」の論理を信ずることのほうが無理があることは明白だ。

「日米核シェアリング」に期待する人々

オリジナルの「核の傘」は、上記のように綻びが目立つようになってしまった。論理的に破綻していると考えられる「核の傘」の綻びを塞ぐための方策として用いられているのがアメリカと同盟国(現時点ではNATOの枠内でベルギー、ドイツ、オランダ、イタリア、トルコと実施している)がアメリカの核兵器を共有することによってその同盟国自身も核抑止力を結果的に手にすることになるという「核シェアリング」である。

すなわち、日本にアメリカの核兵器を配備しアメリカ軍と自衛隊が共同運用する仕組みを構築するのである。たとえば最も簡潔な核シェアリングは、海上自衛隊の駆逐艦に核弾頭搭載トマホーク巡航ミサイルを装備し、その駆逐艦に米海軍将兵も乗り込み、核巡航ミサイルを日米共同で管理運用する、という形態を取るのである。

また、より大掛かりな方式としては、アメリカ海兵隊が保有するアメリカ陸軍あるいはアメリカ海兵隊が保有する（２０２４年初頭時点では保有していない）核弾頭搭載中距離弾道ミサイルを日本各地に展開している陸上自衛隊弾道ミサイル部隊（もちろん現在は存在しない）に配備する。そして、弾道ミサイルが配備されている陸上自衛隊弾道ミサイル部隊に、アメリカ陸軍あるいはアメリカ海兵隊の将兵が加わり日米合同指揮系統によって核弾道ミサイルを日米共同で管理運用するのである。

このような日米核シェアリングが期待する抑止シナリオは次のような流れとなっている。Xによる日本に対する第一次核攻撃への報復としての第二次核攻撃は、被爆に対する直接的報復反撃として〝日本自身〟がアメリカと共同運用している核兵器によって実施する。したがって日本としては、自らが核による反撃を実施することができるため、第二次核攻撃が実施される可能性は「核の傘」よりも「核シェアリング」のほうが数段高まることになる。

ただし、日本による核攻撃に対する報復としてXが第三次核攻撃を日本に対して実施する可能性は高いが、この場合も被爆国はアメリカではなく、日本ということになる。アメリカとしては自らが攻撃される危険性を避けつつ、日本に配備されている核兵器を用いて

Xに対する核攻撃を実施することができる、という構造になる。

要するに、第一次核攻撃の目標である日本に核戦力が存在するため、Xとしては自らが第二次核攻撃を被ることが確実と考えざるをえなくなり、日本に対する第一次核攻撃を思いとどまる可能性は「核の傘」よりも数段高まるのである。すなわち、「核シェアリング」の抑止効果は「核の傘」の抑止効果よりも高くなることが期待できるのだ。

アメリカ軍やシンクタンクなどには、とりわけ対中強硬派の人々の中には、日米核シェアリングの実現を期待している人々が少なくない。東アジア海域（東シナ海・台湾・南シナ海）での海洋戦力においてアメリカ軍が中国軍に対して劣勢になりつつある現在、ごく当然な態度といえよう。

空母のような超大型艦は中国の格好の獲物

これまで世界を睥睨してきたアメリカ海軍空母艦隊は、もし今後数年間のうちに米中軍事衝突が勃発した場合、中国軍の対艦弾道ミサイルや極超音速飛翔体をはじめとする各種対艦ミサイルを主たる戦力としている強力な接近阻止戦力によって第一列島線（九州から南西諸島を経て台湾に至り、フィリピン諸島を経てボルネオ島に至る島嶼線）に接近することが極めて危険な状況に陥ってしまった。

というのは、空母のような超大型艦は中国の対艦兵器にとり格好の獲物となるからである。このことは多くのシンクタンクだけでなくアメリカ軍自身の研究分析によっても警鐘が鳴らされている。

したがって、中国軍と対決するアメリカ空母艦隊は第一列島線のはるか後方までしか接近できない。その結果、空母艦隊から発進する艦載戦闘機が東シナ海や南シナ海の中国沿海域上空に接近し各種作戦（空中戦、対艦攻撃、対地攻撃など）を実施するには戦闘航続距離が不足してしまう状況になってしまっている。ただし、米軍は強力な空中給油能力を備えている。しかし、中国海軍航空隊や中国空軍、それに中国艦艇対空戦力がアメリカ軍航空戦力に空中給油などを許すほど現実は甘くない。

空母艦隊と同じく、米海兵隊侵攻部隊を積載して敵海岸線に接近する水陸両用戦隊も、その旗艦たる強襲揚陸艦は空母同様に中国接近阻止戦力にとって格好の標的となっているため、米中戦時においては中国沿岸はもとより、台湾や南沙諸島、そして場合によっては沖縄に接近することすら厳しい状況となっている。

実際、このような難局を直視している米海兵隊は、第二次世界大戦中の太平洋戦域での日米決戦以来海兵隊が表看板に掲げてきた強襲上陸作戦（敵が待ち受ける沿岸域に着上陸する決死的作戦）を中国軍相手に実施する可能性は捨て去った。

その代わりに、中国軍との対決が差し迫ったならば、いまだに中国軍の手中に落ちていない島嶼や海岸地帯に地対艦ミサイルをはじめとする各種ミサイル戦力を保持したアメリカ海兵隊戦闘部隊を送り込み、中国軍艦や航空機を待ち受けて攻撃を加え、中国侵攻軍の接近を阻止する、という戦術を実施するために組織の編成替えを実施し、兵器調達も大幅に変更している。

海洋（島嶼や海岸線を含む）での戦闘が中心となることが想定されている中国との戦闘においては、米陸軍も米海兵隊同様に、陸上から中国軍に対して各種ミサイルを発射する戦術を中心に据えている。

米海兵隊や米陸軍が地対艦ミサイルなどを配備する陸地は、第一列島線上の中国軍の優勢が確立されていない地点ということになる。ただし、台湾に米軍部隊を上陸させるには中国との全面戦争を覚悟せねばならないし、マレーシアが中国との軍事的対決を前提として米軍地上ミサイル部隊の配備を受け入れる可能性は極めて低い、と考えられている。

フィリピンも、米中を天秤（てんびん）にかける政権が誕生する場合もあり、米軍地上ミサイル部隊を確実に受け入れるという保証はない。現状においては、米海兵隊ミサイル部隊や米陸軍ミサイル部隊がさしたる障害なしに配置につけるのは、アメリカの軍事的属国である日本をおいてほかにはないことになる。

アメリカが経費節減で前進地上核戦力を手にする仕組み

もし、日本に地対艦ミサイルや地対空ミサイルといった接近阻止兵器に加えて、中国領内を攻撃できる中距離弾道ミサイルや長距離巡航ミサイルなどを配備するだけでなく、核シェアリング態勢を確立し、それらのミサイルに核弾頭を装着することにより実質的に日本を前進核兵器発射基地化することになれば、海洋戦力が弱体化し、かつ空母戦略が危機に瀕しているという劣勢を挽回して「お釣りが来る」くらいの状況をアメリカ軍は手にすることになる。

弱体化してしまったアメリカ軍が中国軍と対等に渡り合うことを可能にする日本列島線上の核ミサイルは、日本側からの「核シェアリングの要請に基づいて同盟国を守るために配備する」という大義名分も確保できるのだから、アメリカにとっては一石二鳥ということになるのだ。

おまけに、アメリカにとって日本との核シェアリングはＮＡＴＯの枠内において実施されている核シェアリング以上にメリットが強いと考えられている。

なぜならば、日本はＮＡＴＯ諸国に比べて政府も、防衛当局も、国民も御しやすいうえに軍事リテラシーが低いため、日米核シェアリングといっても日本に核兵器を配置し、自衛隊に警備させるだけで管理・作戦は完全にアメリカ側がコントロールすることが可能であるからだ。それに加えて、ＮＡＴＯ諸国と違って核シェアリングに伴う諸費用も、日本は気前よく支払ってくれることになるのであろうから、アメリカにとっては願ってもない経費節減を伴った前進地上核戦力を手にすることができるのだ。

要するに、日米核シェアリングはアメリカにとっては願ってもない良策ということになるのである。しかしながら、日本にとってはむしろ危険度が増す愚策といえよう。なぜならば、日米共同運用といっても実質的にはアメリカの核兵器が日本国内や日本の軍艦に存在する以上、アメリカとＸが核レベルで対決する事態になった場合には、核シェアリングにより、日本に存在する核兵器がＸによる攻撃対象になることは確実であるからだ。

また、Ｘによる日本に対する第一次核攻撃が行われた場合、日米が共同運用する核兵器による第二次核攻撃の意思決定に日本側の意思が強く反映するならば、かなりの高い確率で核兵器による反撃がなされるであろう。何といっても核攻撃を被るのは日本なのであるから、日本としては核による反撃を確実になす態勢を示すことによってＸとの恐怖の均衡を保たなければならないのである。

「核の傘」も「核シェアリング」も核抑止効果には程遠い

しかしながら、他国の指揮下に入ることをこのうえなく忌み嫌っているアメリカ軍が、共同運用や合同指揮といった枠組みの中でも常に優位を保とうとしているこれまでの経験から判断すると、日米核シェアリングがなされたといっても、実際の核兵器運用における支配権は米国が握ることになるのは明白である（NATO枠内での核シェアリングでも、この点が疑問視されており、シェアリングしている国々の不安の種ともなっている）。

そのため、Xによる第三次核攻撃が日本だけに限定されず米国にも向けられるのではないだろうか？　と考えるアメリカ側の勢力による「核攻撃による被害は第一次核攻撃による日本だけにとどめておくべきである」といった主張によって第二次核攻撃が、日本側の意向にかかわらず、思いとどまらされてしまう公算が極めて高い、といわざるをえない。結局のところ、日本にとって「核シェアリング」に期待できる抑止効果は「核の傘」と五十歩百歩というところになるのだ。

それだけではない。いくら米国主導の核シェアリングのため実質的な運用の最終決定権をアメリカ側が握っているとはいえ、核シェアリングという仕組みによって日本自身が準核保有国と国際社会から見なされても仕方がない状態となる。そのため、広島と長崎に対する核攻撃により数十万の非戦闘員を殺戮したアメリカの核兵器を日本国内に配備して、その核兵器によって自らを守ろう、といった仕組みを日本が進んで構築することを国際社会はどのような目で見るであろうか？

以上のように、日米同盟の眼目ともいえる拡大核抑止は、「核の傘」にしても「核シェアリング」にしても、核抑止効果を期待するには程遠い仕組みであるといえる。つまりアメリカによる拡大核抑止は、日米同盟から離脱して永世中立国化するのに反対する論拠にはなりえないのである。

そもそも、日本に対して核攻撃を加えたアメリカの核戦力を日本の核抑止力として頼ろうという卑屈な姿勢はいい加減に捨て去り、人類史上唯一の核被爆国と人類史上唯一の核使用国の歪(いびつ)な関係は解消しなければならないのだ。

「ユス・イン・ベロ」の原則

核兵器は、強力な敵との戦闘により自陣営の損害も多大に生じているという状態を一気に打開するため、敵側に破滅的大損害を与えて継戦意思を打ち砕くために開発された本来的な無差別殺戮兵器である。実際にアメリカ軍による核攻撃が敢行されるや、熱線や爆風による強烈な破壊力に加えて放射線による様々な被害を与えることも明らかになった。

そのため核兵器は、「ユス・イン・ベロ」の原則（JUS IN BELLO、戦時における国際人道原則）の根幹をなす「差別の原則」と「比例の原則」を完全に否定する、あるいはそれらの原則に適合させえない、という極めて特殊な兵器とされている。

「ユス・イン・ベロ」の原則とは、西欧のキリスト教神学を背景に唱えられてきた「正戦論」において、「正義と見なされる戦争」という概念の中核をなす原則で、極めて単純化してしまうと「差別の原則」と「比例の原則」から構成されている。

「差別の原則」というのは、戦闘に際して攻撃標的を戦闘員、非戦闘員ならびに民間人に区別して、敵を攻撃するに際して殺傷の対象は戦闘員に限定して非戦闘員・民間人を意図的に殺傷してはならない、すなわち敵の戦闘員は正当な攻撃標的として扱われ、敵の非戦闘員や民間人は攻撃標的としては扱われない、という原則である。

一方「比例の原則」とは、国家間戦争における正規軍事組織間での破壊殺傷行為は一定の条件のもとで合法と見なされているが、使用される武力の量は、敵が犯した、あるいは犯すつもりの破壊殺傷またはその可能性と同程度でなければならず、かつ望ましい最終状態を達成するために必要最小限の量でなければならない、すなわち敵を攻撃する手段は敵が味方を攻撃する破壊力の大きさや範囲と同等程度でなければならない、という原則である。

「ユス・イン・ベロ」の原則すなわち「差別の原則」あるいは「比例の原則」、またはその両方、を踏みにじった場合には正義の戦いとは見なされない、というのが「正戦論」の立場であり、西洋起源のいわゆる戦時国際法秩序の根底に流れている思想である。アメリカによる広島と長崎への原爆攻撃は「ユス・イン・ベロ」の原則を完全に踏みにじった典型的事例ということになる。

「ユス・イン・ベロ」の原則を無視することになる非人道的な大量破壊殺戮兵器が用いられる可能性があるのは、(1)かつてアメリカ軍が対日攻撃に使用した場合のように、頑強に反撃してくる敵との膠着状態を一気に打破するためか、(2)敵の核攻撃に対する反撃(「核の傘」のような代理反撃を含む)のため、に限られ、通常兵器すなわち非核兵器のように用いられることはない。

核攻撃の目標は在日米軍施設

実際に日本で、またアメリカ軍などでも、日本が北朝鮮や中国から(そしてかつての米ソ冷戦期においてはソ連から）核攻撃を受ける可能性について論ぜられた場合には、日本に対する核攻撃の目標は在日米軍施設という場合がほとんどである。

すなわち、日本と北朝鮮が、あるいは日本と中国が、またあまり論ぜられてはいないが日本とロシアが戦争状態に陥り、熾烈（しれつ）な戦闘が繰り広げられるに至った場合、頑強な自衛隊による反撃に業を煮やした北朝鮮あるいは中国あるいはロシアが一気に戦局を有利に導くために、かつてのアメリカによる広島や長崎のように対日核攻撃を実施する、というシナリオが語られることはない。

そうではなく、アメリカと北朝鮮が、あるいはアメリカと中国が、またはアメリカとロシアが本格的な戦争を開始した場合、(1)アメリカによる第一次核攻撃の反撃としての第二次核攻撃の一環として日本のアメリカ軍関連施設が核攻撃される、あるいは(2)中国やロシアは否定しているが、アメリカの核恫喝に対抗するため、機先を制してアメリカに対する第一次核攻撃を実施し、その際にアメリカの前進拠点として中国やロシアにとっては目障りな存在である在日米軍関連施設も攻撃目標として加える、といったシナリオが基本的な流れとなっている。

「アメリカの軍事施設が日本国内に存在しているから、それをターゲットとして日本に対する核攻撃が実施されるのだ」という論理は、何も米軍基地反対派や反戦平和主義派の主張というだけではなく、上記の基本シナリオのごとくアメリカ側自身もごく当然のこととしている、まさに常識的論理なのである。

「軍事的脅威が飛躍的に高まった」はアメリカへの迎合

それにもかかわらず、日米同盟にすがりつこうとしている日本政府や対米従属派は、北朝鮮や中国による核の脅威を盛んに言い立てて、日米同盟のさらなる強化を推し進めようとしている。

たとえば、米軍をはじめとする西側軍事情報筋などによって北朝鮮が大陸間弾道ミサイル（ＩＣＢＭ、核弾頭が搭載される）の開発に成功したらしい、と分析がなされ、それを受けてアメリカ政府が「新たなレベルの軍事的脅威が加わった」と深刻な危惧の念を表明すると、日本政府もアメリカに追随して「北朝鮮がＩＣＢＭを手にしたことは、日本にとっても新しいレベルの軍事的脅威が出現した」と位置づけているが、日本とアメリカでは全く状況が異なっている。

アメリカにとって北朝鮮がＩＣＢＭを保有することは、これまでアメリカの領域に対して直接核攻撃を加えることが不可能であった北朝鮮が、性能はいまだ未知数とはいえ、アメリカを直接核攻撃する手段を手にしたことを意味する。まさにアメリカにとっては「新しいレベルの軍事的脅威」が出現したといっても過言ではない。

しかし、北朝鮮がアメリカ領域内を攻撃できるＩＣＢＭを開発したからといって、「日本にとっての軍事的脅威が飛躍的に高まった」という日本政府の表明は、たんにアメリカ政府に迎合しただけの表現としか見なせない。なぜならば、北朝鮮がアメリカ攻撃用ＩＣＢＭの開発に成功しようがしまいが、以前より北朝鮮軍は日本各地を破壊することができる弾道ミサイルを多数保有しているからである。

北朝鮮の日本攻撃用非核ミサイル――核を用いる道理がない

北朝鮮軍は韓国や日本を射程圏に収める数種類の弾道ミサイルをＩＣＢＭ完成の10年以上も前から多数保有している。それらのうち「スカッドＥＲ」ならびに「ノドン」は、日本攻撃に最適と考えられる。それらのミサイルに非核弾頭（高性能爆薬弾頭）が搭載された場合、非核保有国である日本を攻撃するにあたってのハードルは極めて低くなる。

スカッドＥＲの最大射程距離はおよそ８００㎞強といわれているため、北朝鮮南部から発射すると西日本の広い地域を射程圏内に収めている。一方ノドンは、まさに日本列島攻撃用弾道ミサイルと考えられている。最大射程距離はおよそ1300㎞と見られており、先島諸島と小笠原諸島を除く日本のほぼ全域を攻撃することが可能である。

北朝鮮軍は最小でも50基以上のスカッドERと50基以上のノドンを配備していると見なされており、地上移動式発射装置（TEL）から発射されるため、どこからでも発射可能であり、発射準備に要する時間も極めて短い。

いずれのミサイルの詳細も確認されていないため正確な性能は不明であるが、命中精度はかなり低く、CEPは2000〜3000mといわれている。そのため、とても特定の目標を狙って破壊するピンポイント攻撃兵器とは見なせず、無差別攻撃あるいは「恐怖を引き起こす」兵器と見なされている（CEP：たとえばCEP＝3000mということは、攻撃目標を中心として半径3㎞の円内に発射したミサイルの半数の着弾が見込めるということである。したがって「どこに着弾するかわからない」といった状態といっても過言ではなく、攻撃目標以外の幅広い地域にも被害が生じる結果となる）。

以上のように、北朝鮮は日本全土を攻撃することができる弾道ミサイルを、少なくとも100基以上は保有している。したがって、何らかの理由で日本領内を攻撃するにあたっては、高価でかつ保有数が少ない貴重な核ミサイルを用いる道理はないのである。

中国の日本攻撃用非核ミサイル――北朝鮮とは比較にならない質と量

北朝鮮と並んで中国も、日本に対して核の脅威を突きつけているとされている。しかしながら中国は、北朝鮮とは比較にならないほど多種多様の非核ミサイルを保有しており、それらのうちの多くは対日攻撃に投入することが可能である。

中国軍の戦略ミサイル軍であるロケット軍（かつての第二砲兵隊）が保有する「東風21型」弾道ミサイル（DF－21、DF－21A、DF－21C）は、対日攻撃に最適であると考えられる。このミサイルにはいくつかのバリエーションがあるが、射程距離は1800～2150㎞とされており、日本のほぼ全域を攻撃することが可能である。

北朝鮮の対日攻撃用弾道ミサイルと違い、命中精度は格段に高く、新型東風21型のCEPは50m以下といわれており、特定の建造物をピンポイント攻撃して破壊することは十分可能だ。中国ロケット軍は「東風21型」弾道ミサイルを最小に見積もっても150基以上は保有していると考えられており、その生産は継続している。

「東風21型」に加えて、主として台湾やベトナムなどを攻撃するための「東風15型」弾道ミサイル（DF－15）の最大射程距離は850㎞といわれているため、沖縄本島をはじめとする南西諸島全域を攻撃することができる。中国軍は５００基以上ともいわれる極めて多数の「東風15型」を保有し、やはりその数は刻々と増えつつある。

わざわざ核ミサイルを用いる必然性がない

中国ロケット軍は、それらの弾道ミサイル以外にも、日本各地の目標をピンポイント攻撃することができる「東海10型」長距離巡航ミサイルを多数（１０００基以上ともいわれている）保有している。

アメリカ軍がしばしば実戦で使用してきたトマホーク長距離巡航ミサイルと同等あるいはそれ以上の性能を保有しているとされている「東海10型」長距離巡航ミサイルのＣＥＰは５～10ｍと推定されている。そのため、中国軍は「東海10型」を用いて、たとえば首相官邸、防衛省本庁舎Ａ棟、原発の制御施設、石油精製所のタンクといったように、極めて高度な精密攻撃を実施する能力を保持している。

中国ロケット軍の「東海10型」長距離巡航ミサイルは「東風21型」弾道ミサイルや「東風15型」弾道ミサイルと同じく、地上移動式発射装置から発射されるが、中国海軍は駆逐艦や潜水艦から発射する「東海10型」を保有している。そのため、渤海湾（ぼっかいわん）や山東半島沿岸海域など、中国海軍にとって安全な海域に位置する駆逐艦からも日本全土に「東海10型」を撃ち込むことができる。

また中国海軍攻撃原子力潜水艦は、西太平洋に進出して日本全土を太平洋側から長距離巡航ミサイルで攻撃する作戦を実施することも可能だ。すなわち中国海軍は南北に横たわっている日本列島を東西両側から長距離巡航ミサイルで攻撃することができるのだ。

中国軍の対日ミサイル攻撃は、中国本土や海洋からだけではない。中国空軍と中国海軍航空隊のミサイル爆撃機には、「東海10型」の空中発射バージョン「長剣10型」長距離巡航ミサイルが搭載可能である。中国軍による完璧な防空態勢が敷かれている遼寧省や吉林省の東部地域上空や上海沖上空などの中国航空機にとり安全な空域を飛行するそれらのミサイル爆撃機から「長剣10型」を連射することにより、日本全域の攻撃目標を灰燼（かいじん）に帰すことができる。

このように、中国軍は北朝鮮軍とは比較すべくもないほど高性能な対日攻撃用非核弾道ミサイルと非核長距離巡航ミサイルを数多く取り揃え、日本全土を焦土と化すだけの非核攻撃能力を手にしているのである。したがって、北朝鮮同様に、中国が日本領内を攻撃するにあたって、わざわざ核ミサイルを用いる必然性はないと考えられる。

ロシアの日本攻撃用非核ミサイル
――アメリカが騒ぐと日本政府、メディアも騒ぐ

ロシアのウクライナ侵攻戦が勃発すると、日本政府はただ無批判にアメリカによるロシアとの対決姿勢に追従し、ロシアを敵に回してしまった。にもかかわらず日本のメディアや一般国民の間には、北朝鮮の弾道ミサイル発射の脅威のようにロシアによるミサイル発射の脅威は取り上げられない。このような不思議な傾向は、まさに日本政府や主要メディアによる病理的対米追従の一つの結果といえよう。

なぜならば、北朝鮮がアメリカの主要軍事拠点であるハワイに向けて大陸間弾道ミサイルを発射すると日本の上空を通過するため、日本に北朝鮮の大陸間弾道ミサイルの恐怖を植え付け、弾道ミサイル防衛システムや高性能レーダーシステムを購入し、配備させることにより、アメリカのミサイル防衛網の一部として利用することができるからである。

同時に超高額システムを日本が購入するわけであるから、アメリカ防衛産業にとってもアメリカ政府（この種の重要な兵器取引では、アメリカ政府にも手数料が転がり込む仕組みになっている）にとっても経済的な利益をもたらす。日本が北朝鮮の大陸間弾道ミサイルを

恐怖に感ずるように仕向けることは、まさにアメリカの国益に見事に合致するのである。

一方ロシアの場合は、日本全土を数回にわたって焦土に帰すことができるほど強力なミサイル戦力を有しているのであるが、アメリカ本土はもちろん、ハワイを攻撃するロシアの弾道ミサイルは日本上空を通過することはない。したがって、アメリカが日本に対してロシアのミサイルの脅威を宣伝するのに呼応して、ロシアの脅威に備える態勢を日本が固めても、それはアメリカの防衛には役立たないのである。

このようにして、北朝鮮のミサイルによる脅威をアメリカが騒ぐと日本政府や主要メディアも騒ぎ、ロシアのミサイルの脅威をアメリカが騒がないため日本も騒がない、という歪な対米従属構造が、ここにおいても出現してしまっているのである。

かつてソ連時代には圧倒的なミサイル先進国であったロシアは、多数の技術者が中国に流出してしまった結果、ミサイル大国の座を中国に明け渡しつつあるものの、依然として三大ミサイル強国（中国、ロシア、アメリカ）の一角を占めている。

ロシア軍が日本攻撃に用いることができるミサイルは中国軍と同じく多種多様であるが、主要なものだけでも下記の通りである。

・Ｋｈ－47Ｍ２ Kinzhal：ミサイル爆撃機に搭載され、空中から発射される弾道ミサイ

ルであり、核弾頭だけでなく非核弾頭も搭載されている。最大射程距離は２０００㎞

・Ｋｈ－１０１：ミサイル爆撃機に搭載されて空中から発射される長距離巡航ミサイルであり、非核弾頭が搭載される。最大射程距離は２８００㎞

・ＲＫ－55 Granat（ＮＡＴＯではSampsonと呼称している）：地上移動式発射装置あるいは潜水艦から発射される長距離巡航ミサイルで、核弾頭も非核弾頭も搭載することができる。地上発射の場合の最大射程距離は３０００㎞、潜水艦発射の場合の最大射程距離は２４００㎞

・９Ｍ７２９：地上発射装置から発射される長距離巡航ミサイルで、非核弾頭が搭載される。最大射程距離２５００㎞

・３Ｍ14 Kalibr：水上戦闘艦ならびに潜水艦から発射される長距離巡航ミサイルで、核弾頭も非核弾頭も搭載することが可能。最大射程距離２５００㎞

このように、ロシアも何らかの理由によってアメリカは除外しつつ日本だけに軍事攻撃を仕掛けねばならない事態が生起した場合、わざわざ核攻撃をするまでもなく、非核弾頭を搭載した各種ミサイルによって対日攻撃を実施すれば十分なのである。

日米同盟からの離脱こそ最大の「核抑止」

上記のごとく、中国やロシアそれに北朝鮮でさえも日本領内の攻撃目標を灰燼に帰すことができる非核弾頭搭載のミサイルを数多く保有している。そのため、何らかの理由により非核保有国である日本だけと戦闘を交える（この場合は、在日米軍施設は攻撃しないようにする）場合には、当然のことながら非核ミサイルによる攻撃だけで十分である。

また、アメリカとの戦闘が勃発した場合にも、アメリカの第二次核攻撃を引き起こさせないために先制的に核ミサイルで在日米軍施設を攻撃する必要はなく、非核ミサイルによる先制攻撃を実施すればよい。ただし、アメリカが先制的に核攻撃を仕掛けてきた場合には、核による報復措置の一環として、在日米軍施設も核ミサイルにより攻撃するであろう。

要するに、現状において日本領内に中国やロシアそして北朝鮮が核ミサイルを撃ち込むのは、アメリカによる先制核攻撃に対する第二次核攻撃の場合だけ、といった状態なのであるが、それ以外の状況でそれら日本隣国の核保有諸国が対日核攻撃を敢行する恐れはないのであろうか？

領域紛争で日本に弾道ミサイルを撃ち込む事態は想定不要

現代の国際社会において、軍事衝突や戦争の引き金となる原因の典型的なものに領土紛争・民族対立・宗教問題があるが、日本の場合はいくつかの領土紛争を抱えている。

ロシアとの北方領土紛争や韓国・北朝鮮との竹島紛争においては、それぞれロシアと韓国が完全なる実効支配を長年にわたり維持してしまっているため、日本がロシアや韓国に対して自国領土奪還のための軍事攻撃を実施しない限り、領土紛争によってロシアや韓国・北朝鮮が対日軍事攻撃を仕掛ける理由は存在しない。したがって、日本との領域紛争が引き金となってロシアや北朝鮮が日本に弾道ミサイルを撃ち込むという事態は、アメリカがカナダからの軍事攻撃を全く想定していないのと同程度に、想定不要である。

中国との尖閣諸島紛争においては、口先では実効支配を唱えている日本政府が、万一の場合にはアメリカの軍事力に頼ればよいという属国的姿勢のため何ら効果的な対策を実施してこなかったために、海洋戦力を強化し続けている中国による軍事的圧力が高まっているのは事実である。

「孫子」の伝統を持つ漢民族にとっては、軍事力を剝き出しで使うのは拙劣な軍事力の使い方であり、極力戦闘を避けて軍事的威嚇や軍事力を背景にした恫喝、それに欺瞞（ぎまん）・買収・籠絡などを多用した情報戦によって「戦わずして勝つ」ことこそ軍事力保有の真の目的なのである。

このような中国の軍事戦略思想に照らすならば、露骨な軍事侵攻によって尖閣諸島を制圧するのは下策である。中国海警局巡視船や海上民兵を含んだ漁船群などの尖閣諸島周辺海域への日常的出没を長年にわたって継続させることによって、国際社会には日中いずれの国が実効支配しているのかわからない状態に持ち込んでしまい、やがては事実上の中国領であると認識されてしまう状態へと持ち込んでしまうのが上策とされる。したがって、本格的な対日戦争などを引き起こす必然性は乏しく、まして日本に先制的に核ミサイルなど撃ち込む必要は皆無なのである。

日本との領土紛争とは無関係であるが、北朝鮮が核開発を進めるとともに頻繁に弾道ミサイルの試射を実施しているが、それは休戦中の敵である韓国と、韓国の後ろ盾となり、北朝鮮を核戦力で威嚇し続けているアメリカに対抗するための軍備増強である。日本が日本人拉致に対しての報復として北朝鮮への先制的軍事攻撃を実施しない限り、北朝鮮が日本に対してスカッドＥＲやノドンを発射するための口実は見当たらないし、その場合でも核弾頭を搭載する必要がないことは、すでに検討した通りである。

やはり、日本に対する中国やロシア、それに北朝鮮による核攻撃はアメリカによる先制核攻撃に対応して第二次核攻撃の一環としての在日米軍関連施設を目標にした攻撃だけである、と考えて差し支えない。

「対日核攻撃の脅威」はプロパガンダ

核抑止の目的は、自国領内（自国の艦船なども含む）が核攻撃を被らないように敵性核保有国が核兵器を使用しないような状況を生じさせることである。日本領内に核攻撃がされないという状況を生み出すことは広義の核抑止と考えることができよう。

したがって、日本にとって確実な核抑止は、日本に対する核攻撃が生じうる状況を取り除くことにある。すなわち、日本領内に対する核攻撃の恐れがアメリカに対する第二次核攻撃だけならば、日米同盟を離脱して、日本に対する第二次核攻撃が向けられる状態を消滅させてしまうのである。

もちろん、日本という属国を手放すことを拒否するアメリカのジャパン・ハンドラーや日米同盟至上主義という思考停止状態に陥っている日本のアメリカ追従勢力は、対日核攻撃の脅威を言い立てるであろう。しかしそのような言説は、ただでさえ原子力に忌避感が強い日本の人々を怯えさせ、アメリカにとってこのうえなく都合のよい日米同盟の命脈を保ち、弾道ミサイル防衛システムをはじめとする米国製超高額兵器の販売を促進するため、と見なさざるをえない脅威を煽り立てるプロパガンダといえよう。

日米同盟による拡大核抑止よりも確実な核抑止——核攻撃を被らないようにする方策——は日米同盟から離脱し、永世中立国として生まれ変わることなのだ。

独自核武装は不可能である

日本が永世中立国になり、日本領内の在日米軍関連施設に対する第二次核攻撃の恐れが消滅しても、それでも日本自身が核抑止力を保持する必要があると考える人々は、日米同盟下でも実際には「核の傘」など抑止力として機能していなかったことを認識していない。

とはいっても、万が一にも永世中立国・日本が自ら核抑止力を持たねばならないという世論が優勢になり、核抑止力を保持することになった場合には、どうしなければならないのであろうか？　日本自身が核武装するのであろうか？　そのような独自核武装は不可能である、と考えねばならない。それではいかにするのか？

軍事技術が進展した今日、非核戦略兵器による核抑止力という選択肢が登場している。そして永世中立国・日本が万難を排してでも独自に核抑止力を身につけるという選択をしたならば（ただし本書としては、軍事・経済的視点から、そのような選択はしないのではあるが）、非核戦略兵器を身につけることにより核抑止力となすことが唯一の選択肢となる。

恐怖の核均衡サークル

まずは永世中立国・日本が独自に核武装する、というオプションは不可能に近いことを確認してみよう。

日本自身が独自に核武装をすれば「核攻撃をした相手が間違いなく核による報復攻撃をしてくる」という恐怖の核均衡サークルに加わることになり、相互恐怖に基づく抑止効果が期待できることになる。もしXが日本を核攻撃したならば、確実に日本がXに対して核報復攻撃を実施するため、Xは対日核攻撃を躊躇する、というわけである。

独自の核武装を決意した永世中立国・日本は、まずは核兵器不拡散条約（NPT）から脱退することになるが、NPT脱退に伴って国際社会による対日経済制裁が実施されるはずだ。経済制裁の一環として、核兵器製造用はもちろん原子力発電用のウラン鉱石の輸入が途絶する。

対日経済制裁の筆頭はアメリカとなるであろう。核攻撃により、大量の非戦闘員を一瞬にして殺傷した人類史上唯一の国であるアメリカは、唯一の被爆国が独自に核兵器を手にすることをこのうえなく恐れている。そのため、アメリカ自身のコントロールを離れた形で実施される日本の核武装計画を叩き潰すために、あらゆる手段を用いることになる。中国やロシアを抱き込むような策を弄してでも徹底的な妨害を加えることは必至だ。

それだけではない。アメリカの「核の傘」にすがりながらも、「唯一の被爆国」を掲げて核廃絶へ理解を示すような姿勢をしていた日本に対する国際社会の信用はゼロになる。また、福島原発事故が証明しているように民生用原子力の取り扱いすらまともにできない、原子力関連専門家が枯渇しているレベルの日本が、核兵器を管理運用する能力をどのようにして手にするのか？　といった様々な問題が立ちはだかることになる。

このように日本独自の核武装は、たとえ日本国民や政府が固い決意を持ったとしても、現実には実現可能性はかなり低いことは否定できない。そもそも永世中立国となり、在日米軍施設が存在しなくなった日本に対して第二次核攻撃が加えられる恐れが消滅したにもかかわらず、国際社会のほとんどすべてを敵（軍事的にではないものの）に回しつつ、多額の資金と労力を投入し、万難を排して独自核武装を推進するというオプションは下策以外の何物でもないのだ。

永世中立国・日本の非核戦略兵器

永世中立国・日本が、どうしてでも独自の核抑止力を保持するという方針を選択した場合には、上記のように核兵器で武装するわけにはいかないが、非核戦略兵器(NNSWまたは戦略的非核兵器SNNWとも呼ばれている)を大量に装備して核抑止力を身につけるというオプションが残されている。

核抑止力イコール戦略核兵器といった時代は過去のものとなりつつあり、核抑止力は核兵器に限らず非核戦略兵器でも十二分に、というよりは核兵器よりも使用のハードルが低いため、より現実味のある核抑止力と見なすべきであり、そのため非核戦略兵器に対する拡散コントロールが現実的問題として浮上しているのが国際軍事サークルの現状である。

非核戦略兵器の研究に先鞭(せんべん)をつけたのは、アメリカ軍である。世界で唯一核兵器を使用して大量殺戮を行った国であるがゆえに核戦争をこのうえなく恐れているアメリカでは、使用するハードルが極めて高い核兵器に代替する(より正確には、削減する核戦力をある程度は穴埋めすることが可能な)〝超〟通常弾道ミサイルを用いたCPGS(通常兵器による瞬時による地球規模の攻撃）プログラムがすでに数十年にわたって推進されている。

〝超〟通常弾道ミサイルとは、オバマ政権誕生以前より米空軍が研究していた「核兵器削減の穴埋めをする、核兵器に代わる強力な戦略兵器」とされている。「核兵器に代わる」といっても、核兵器と同等の破壊力あるいは核兵器よりも巨大な破壊力を有する非核通常兵器というわけではない。

単体での破壊力は核兵器に及ばなくとも、超高速でかつ精密攻撃が可能な兵器であるならば、核兵器同様の戦略的価値があるだけでなく、核兵器使用の意思決定にあたり最大のハードルとなる「ユス・イン・ベロ」の原則をある程度はクリアすることができるため、現実に使用できる可能性は大幅に高まる。そのため、「核兵器に代わる」戦略兵器となりうる、というのが〝超〟通常弾道ミサイルのアイデアである。

アメリカ軍は、非核戦略兵器として〝超〟通常弾道ミサイルならびに極超音速兵器の研究開発に着手したが、開発は遅々として進まなかった。やがて核戦力の実質的強化を標榜するトランプ政権が誕生したため、オバマ大統領の核廃絶あるいは核削減路線は消滅してしまった。

技術的困難に直面していた米軍の極超音速兵器の開発も低迷したため、この分野においては中国やロシアがアメリカの先を越して開発に成功するに至った。極超音速兵器以外にも、中国やロシアは「核兵器に代わる」非核戦略兵器の開発と配備を推し進めており、それに対してアメリカやNATOは核恫喝バランスの変化に警戒を強め始めている。

「カウンターフォース」と「カウンターバリュー」

非核戦略兵器を簡潔に定義するならば、核兵器使用のハードル（閾値）を下回るハードルで使用され、決定的な戦略的効果（戦場における戦術・作戦レベルを回避し、戦場で敵の軍隊を打ち負かす以前に決定的な勝利を得る）を発揮することができる兵器システム、ということになる。広義の非核戦略兵器には運動性システムと非運動性システムの双方が含まれる。

運動性非核戦略兵器は、物理的環境を変化させることによって目的を達成するもので、極めて正確な破壊的効果をもたらすものである。巡航ミサイル、弾道ミサイル、極超音速滑空機、無人航空機などの精密攻撃システムが運動性システムの代表例である。

非運動性非核戦略兵器としては、戦略的効果を持つサイバー攻撃だけでなく、敵の電磁環境を劣化させたり拒否したりすることで決定的な効果を得ることができる電子戦能力も含まれる。また、政府をはじめとする公共機関への信頼や機関そのものの機能を損なうために用いられる誤報・偽情報キャンペーンも、非運動性非核戦略兵器となりうる。

非核戦略兵器（以下、運動性非核戦略兵器に焦点を当てる）は通常、「カウンターフォース」と「カウンターバリュー」という2種類の使用目的を想定して開発・配備される。カウンターフォースというのは敵の戦略兵器（すなわち、これまでのところは敵の核兵器）を狙い撃ちするものであり、カウンターバリューというのは敵の政治、人口、経済の中心を狙い、国家の社会経済的潜在力を破壊し、その政治的存在を終わらせるためのものである。

通常兵器システムの戦略的有用性（すなわち、カウンターフォースとカウンターバリューの機能を果たす能力）を評価する際には、射程距離とハードターゲット・キル能力（物理的に強固に防御されている攻撃目標物を破壊する能力）という2つの要素が鍵となる。とりわけ、カウンターフォース任務においては、その軍事的な重要性から十二分に保護されている目標を破壊せねばならない。

たとえば、重要な戦略兵器指揮統制機構は、地下深くに埋設されていることが多い。核兵器はミサイルサイロに格納され、鉄筋コンクリートの層で保護されていることが多く、大きな過圧（１㎠当たり約２１０㎏）に耐えられるように設計されている。そのため、極めて強力なハードターゲット・キル能力が要求されるのだ。

日本には長距離巡航ミサイルを生み出す技術力がある

このような能力を持った非核戦略兵器システムとしては、長距離巡航ミサイル、弾道ミサイル（アメリカが開発しようとした〝超〟通常弾道ミサイルに限られるわけではない）それに極超音速滑空飛翔体などが想定されている。

しかしながら、極超音速滑空飛翔体は（開発に成功したとされている中国以外の国々においては）いまだに研究開発段階にあり、量産態勢には達していない。弾道ミサイルは長距離巡航ミサイルに比べると製造コストも運用コストもかなり高額になってしまうため、大量に配備が必要となる非核弾頭搭載の弾道ミサイルはコストパフォーマンスが低い、と考えられている。

そのため現状においては、そのバリエーションや配備数それに製造可能速度それにコストなどの観点から、長距離巡航ミサイルが非核戦略兵器システムに最も適しているということになる。

トマホーク・ブロックⅣ（アメリカ製）、トマホーク・ブロックⅤ（アメリカ製）、タウルスＫＥＰＤ－３５０（スウェーデン＋ドイツ製）、ＳＣＡＬＰ－ＥＧストーム・シャドウ

（フランス＋イギリス製）、ＪＡＳＳＭ－ＥＲ（アメリカ製）、ＮＳＭ（ノルウェー製）などが西側陣営の有力な非核戦略兵器の候補とされている。一方、それらに対応する中国やロシアの上述した巡航ミサイルは、西側以上に強力な非核戦略兵器になりうると見なすことができる。

通常兵器である上記のごとき非核戦略兵器は、核兵器の拡散を抑制するために発展してきた国際的規範のいずれにも違反することはない。確かに、通常弾頭搭載ミサイルは、最も小さな核爆弾よりも破壊力が小さい。しかし、その使用のハードル（閾値）が核兵器使用の閾値より著しく低いため、核戦力の代替となる可能性は極めて高いことになるのである。

永世中立国である日本は、理論的には西側諸国からでも、ロシアからでも、中国からでも長距離巡航ミサイルを購入することができなくはない。もちろん輸出国が認可すれば、の話であるが。しかし、たんなる兵器ではなく非核戦略兵器としての長距離巡航ミサイルであるからには、どの国としても日本への輸出はしないであろう。

ただし、日本には長距離巡航ミサイルを生み出す技術力がある。何といってもこの種の重要兵器システムは自国生産が理想的なのであるが、日本は自衛隊が運用している12式地対艦ミサイルシステムを自国で生産しており、そのミサイルの射程距離を延伸することは可能である、というよりは政府がゴーサインを出せば、さしたる困難はなく長射程ミサイルを生み出すことができる、とミサイル技術者は確言している。

弾道ミサイルは莫大な防衛費の無駄使い

長距離巡航ミサイルだけでなく、弾道ミサイルも核弾頭を搭載しない非核戦略兵器として開発するならば、現存するイプシロンロケットの技術をたたき台として開発・製造することはそれほど難事ではない。ただし巡航ミサイルにせよ弾道ミサイルにせよ、非核戦略兵器として用いる場合には、核兵器と違い、単体での破壊力が限定的なため、大量に保有しなければならない。そのため、巡航ミサイルよりもはるかに高価な弾道ミサイルを多数調達するには莫大な防衛費を投入しなければならないことになる。

これらの非核戦略兵器としての長距離巡航ミサイルや弾道ミサイルは、敵の攻撃からの生存性を高めるために日本各地の多数の地点に分散配備しなければならない。そしていずれも固定ミサイル基地からではなく、移動式の発射装置から撃ち出されるタイプのものでなければならない。

移動式の発射装置には、地上移動式発射装置（大型トレーラーのような車両で、ミサイルを積載する発射車両のほか、管制装置やレーダー装置などを積載する車両など数両で発射システムを構成する）、駆逐艦、フリゲート、潜水艦、そしてミサイル爆撃機など陸上、海上、海中、上空を移動する装置が存在する。

そのため、次章で述べる永世中立国・日本の防衛に必要な軍備（中立義務を果たすための軍備、海洋国家防衛原則に則った軍備）以外にそれらのミサイル関連装備を保有するとともに、ミサイルや移動式発射装置を保管したり整備するための隠匿施設を日本各地に多数設置し、それらを運用管理する大規模な部隊を増設しなければならない。

長距離巡航ミサイルならびに弾道ミサイルそのものと各種発射装置、そして貯蔵施設などの開発、製造、建設には精密なコスト計算をするまでもなく、莫大な国防費を投入しなければならないことは明白である。はたして、そのような国費と労力を投入してまで非核戦略兵器を取り揃えて核抑止力を手にする必要があるのか？　もしそれだけの費用を投ずるのならば、スイスのように核シェルターを構築したほうが血税の無駄使いにはならないであろう。

何といっても、日米同盟を離脱して永世中立国となった日本には、もはや米軍施設は存在しないため、アメリカに対する第二次核攻撃が日本領内に対して実施される可能性は消滅しているのである。それに加えて、上述したように、たとえ日本を軍事攻撃するという状況が生じたとしても、日本に対して核攻撃を実施する必要性は存在せず、非核弾頭搭載の各種ミサイルだけで十分なのである。

したがって「永世中立国・日本が自前の核抑止力を身につけるならば、非核戦略兵器に拠るべきである」という理論上のオプションは存在するのであるが、軍事的視点からのみ判断すると、国際情勢が現時点では想定できないほど変化しない限り、スイスやオーストリア同様に永世中立国・日本には独自の核抑止力は必要ない、ということになる。

しかしながら「核抑止力は核兵器にすべきなのか？　非核戦略兵器にすべきなのか？」といった軍事的議論と違って、「独自の核抑止力は身につけるのか？　独自の核抑止力は必要ないのではないか？」といった核戦略の基本方針に関する議論は、それぞれの国が立脚する国家戦略の根本方針の議論によって決定されるべき範疇（はんちゅう）に属している。

そのため、軍事戦略上は核武装が望ましいが国家戦略上は独自の核抑止力は持たない、と判断される場合も、軍事戦略上は核抑止力は必要不可欠というわけではないが、国家戦略上は何らかの核抑止力を持つべきである、と判断される場合も生じることになる。現に永世中立国のスイスやオーストリア、そして永世中立主義に立脚していた時期のスウェーデンなどでも、核戦略に関する議論は盛んに行われていた。

本書における「日本が独自に核抑止力を保持するには、非核戦略兵器によらねばならない」という指摘も、「永世中立国・日本には核抑止力は必要ない」という指摘もともに純軍事的議論である。そのため、日本が永世中立国としてアメリカから完全に独立を果たした場合には、核戦略に関する国家論的議論を経ることになる。その結果「国民の安心にとっての保険のようなもの」という感情的な理由であっても、国家戦略として「日本は独自に核抑止力を保持する」との方針が打ち出された場合には、上記の軍事的議論の通り、非核戦略兵器による日本独自の核抑止力を身につけることになるのである。

第4章
永世中立国・日本の国防態勢

「日米同盟の強化」という甘えた標語

日本政府が非核重武装永世中立主義を実現するに際して、防衛省・自衛隊は永世中立国となる日本の軍事組織として抜本的な改編を経たうえで再出発しなければならないのは当然といえよう。

これまでのように日本がアメリカの軍事的属国であり続けるのならば、日本政府も日本国民も「万一の場合には、最終的にはアメリカが何とかしてくれる」という一方的な期待を現実と混同して「日米同盟の強化」という標語で自らを誤魔化し続けていくことができたのであろう。

しかしながら、日本が真の独立国として再生するためには、そして軍事的非同盟主義を貫徹するためには、そのような甘えは許されない。その半面、軍事的属国時代にはアメリカ側の意向に左右されざるをえなかった日本自身の国防政策や国防組織は、独立国としての完全なる自律性を手にすることができるようになる。

非核重武装永世中立主義を国是とする日本にとって、具体的にはどのような軍事力が必要になるのであろうか？　以下、本章ではアメリカの軍事的属国から独立を果たした永世中立国・日本にとって必要な軍事力の内容を概観する。

永世中立国ゆえに必要な軍事力

完全なる非武装主義を貫徹しようとする国以外の国々は、いずれも自国を防衛するための軍事力を整備し維持している。そして何らかの軍事同盟の枠組みに参加している多くの国々は、自衛のための軍事力に加えて同盟に寄与するための軍事力も整備しなければならない場合が多い。

永世中立国といえども、自衛のための軍事力を維持することは（完全なる非武装主義に立脚しない限り）当然といえる。ただし、永世中立国であるがゆえに軍事同盟に寄与する軍事力が必要ないのも当然である。しかし中立政策を取らない国々と違って、⑴中立義務を果たすための軍事力、⑵中立政策が国際社会に目を背ける手前勝手な政策との誤解を生ぜしめさせないために国際貢献を果たすための軍備（ただし、戦闘のためではないため軍事組織あるいは軍事的組織であっても軍備とは呼べない場合が多いが、本書では広義に軍備と呼ぶことにする）を整備維持しなければならない。

とりわけ、状況に応じて中立政策から同盟政策へと転換することを前提としている中立主義国と違っていかなる状況下においても中立を貫徹することを国是とする永世中立国は、中立義務を果たすための「強力」な軍事力と、国際貢献を「積極的」に果たしうる軍備（広義の軍備）とを手にしていなければならない。以下本節では、新生日本が永世中立国であるがゆえに必要な軍備を⑴中立義務履行に必要な軍備、⑵積極的に国際貢献を果たすための軍備に分類して論ずる。

質的には最強レベルの軍備を

日本が第二次世界大戦敗北後今日に至るまで、長きにわたってアメリカの軍事的属国としてアメリカ一辺倒の軍事外交姿勢を取り続けてきたことは、国際社会では常識となっている。したがって、日本が永世中立宣言をなした場合、アメリカから完全に独立するために日本が打ち出す永世中立政策が「真の国家意志である」と国際社会に認識させるには、「武力を行使してでも中立義務は果たす、少なくとも果たす最大限の努力をなす」という姿勢を誰の目から見ても明らかなように示すことが不可欠である。

永世中立国としての日本が整えるべき軍備は、まず第一に中立義務を果たすために量的には必要最小限ながらも質的には最強レベルの軍備である必要がある。量的に必要最小限に留めるのは、アメリカのように国益維持・拡大のために安易に軍事力を投入する必要がない永世中立国である以上、しごく当然といえよう。ただし、質的には国力に鑑みて可能な範囲で最強を目指すことも、永世中立国としていかなる軍事同盟も締結できない以上、やはり理にかなった方針といえよう。

交戦国の軍隊に軍事力を行使する場合

永世中立国である日本は、第三国間が戦争状態の場合に以下のような状況が生起してしまった際には、中立義務を果たすために軍事力を行使してでも事態の進展を阻止せねばならない。このような場合における永世中立国・日本による軍事力の行使は、戦争行為とは見なされない。

もう一度簡潔にまとめると、以下のような場合に永世中立国・日本は日本の中立を侵害しようとする交戦国の軍隊に対して軍事力を行使することになる。

(1)交戦国の軍隊が日本の領土内を通過しようとした場合には、日本は軍事力を行使しても日本領内通過の企てを阻止しなければならない。要するに、日本としては交戦国の軍隊が日本領土に上陸あるいは着陸しようとするのを軍事力を用いて追い払うことになる。ただし、すでに指摘したように、完全なる島嶼国である日本の領土内を交戦国軍隊がわざわざ通過する可能性はゼロに近い。

(2)交戦国あるいはその協力者(国、団体、個人)が交戦国の武器弾薬軍需物資などを日本の領土内を通過させようとした場合には、日本は軍事力を行使してでも日本領土内通過の企てを阻止しなければならない。交戦国の武器弾薬軍需物資などを積載した船舶艦艇航空機が日本の領土に上陸あるいは着陸するのを軍事力を用いて追い払うのであるが、やはりこのような状況が生ずる可能性はゼロに近い。

(3)交戦国の艦隊や艦艇そして航空機などが日本の領海ならびにその上空内で軍事的行動を実施しようとした場合には、日本は軍事力を行使してでも日本領海ならびに日本領空に侵入してきたそれらの艦隊や艦艇や航空機などによる軍事的行動を阻止しなければならない。日本は四囲を海に囲まれているとはいえ、近距離で台湾、韓国、北朝鮮、中国そしてロシアと隣接しており、中国、ロシア、北朝鮮を抑え込もうとするアメリカも、太平洋を隔てているとはいえグアムや韓国、フィリピンを軍事拠点として利用するため、日本にとっては軍事的に直近隣接国ということになる。そのため、日本の領海そしてその上空内で交戦国艦艇や航空機が軍事的に行動するケースは十二分に起こりうる。

現代のハイテク機器満載の軍艦や軍用機は、長射程ミサイルを発射するような目に見える形での軍事行動以外にも、電子戦のような目に見えない形での軍事的行動を実施することが可能である。そのため、日本としては交戦期間中に交戦諸国の艦艇や航空機が日本領海ならびにその上空内に侵入することは中立侵犯行為である旨宣言し、それにもかかわらず侵入を企てる艦艇や航空機は軍事力を行使して駆逐しなければならない。

⑷交戦国の艦隊や艦艇が、日本の領海内を出撃拠点や補給拠点のように軍事拠点として利用しようとした場合、日本は軍事力を行使してでも日本領海内に侵入してきたそれらの艦隊や艦艇を駆逐しなければならない。東シナ海と西太平洋、日本海と西太平洋、日本海とオホーツク海を隔てるように横たわっている日本列島周辺の日本領海内を、交戦諸国の艦艇が前進出撃拠点や待ち伏せ拠点、それに補給拠点として利用しようとする可能性は極めて高い。したがって、日本としては交戦期間中に交戦諸国の艦

艇や船舶が日本領海内に侵入することは中立侵害行為である旨宣言し、それにもかかわらず侵入を企てる艦艇や船舶は、軍事力を行使して撃退しなければならない。

(5)日本の領土・領海内に、交戦国の通信拠点や中継点を設置させてはならない。この規定が国際法的に確立した19世紀末から20世紀初頭においては、無線が発明されてはいたものの、軍事通信は有線に頼っていたため、中立国の領土内に通信ケーブルをコントロールするための拠点や中継点などを設置したり、中立国の領海に海底ケーブルの中継点などを敷設したりする必要性が高かった。現在は無線が発達したどころか衛星通信の時代であるものの、依然として通信ケーブルとりわけ海底ケーブルは有用である。

ただし、それらのケーブルを制御したり保守管理するための拠点や中継点は、日本だけが使用したり交戦諸国だけが使用したりするわけではなく、国際社会が共用している場合がほとんどであるため、この規定は戦時において、交戦諸国が日本領域内に新たな通信拠点や中継点を設置することのみを阻止する義務を意味していることになる。いずれにせよ、交戦期間中に交戦諸国の船舶が日本領海に合法的（定期便やチャーター船など）に進入した場合には、日本はそれらを臨検し、通信拠点や中継点を設置する可能性がある場合は追い払う、あるいは拿捕（だほ）する必要があることになる。

(6)日本の領土・領海・領空内において交戦国に敵対行為をさせてはならない。そもそも日本の領土内で交戦諸国が敵対行為をするというのは、交戦諸国双方の軍隊が日本領内に侵入して日本国内で戦闘するか、どちらか一方の交戦国軍隊が日本領土内に侵入して日本国内を占拠し、そこから敵艦船や敵航空機それに敵領土内に長射程ミサイルなどを発射する、といった事態であり、中立の侵害というよりは日本に対する侵略行動と見なしうる。日本としては、日本領土に接近してくる交戦諸国の陸上戦力を積載した艦艇船舶や航空機を軍事力を用いて追い払わなければならない。一方、日本の領海や領空の外縁の日本周辺海域やその上空で戦闘中の交戦国の艦艇や航空機が、日本の領海内や領空内に一時的に侵入して交戦を継続する事態は、十二分に考えられる。

このような〝偶発的〟な領海内あるいは領空内での一時的な戦闘行為まで中立義務遵守のために撃退しなければならないとすると、中立国にとっては負担が大きすぎる。あくまでも、意図的に日本の領海内や領空内を利用して、たとえば日本領海内あるいは日本領空内から敵航空機や敵艦艇、そして敵地に対してミサイルを発射することを繰り返す、といった継続的な戦闘行為に及ぼうとする〝意図的な〟領海内あるいは領空内への侵入を撃退することは、永世中立国・日本の義務と考えられる。いずれにしても、交戦諸国の軍艦、民間船舶（兵員を積載したり武装している）、航空機が日本領海内ならびに領空内に侵入したならば、原則として直ちに軍事力を行使して駆逐しなければならないのである。

上記のように、永世中立国である日本が第三国間の戦時において交戦諸国により試みられる可能性が決して低くはない中立侵害行為を防止あるいは阻止して永世中立国の義務を果たすためには、中立侵害行為に着手するであろう交戦諸国の艦艇、船舶、航空機が日本の領海あるいはその上空に侵入することを阻止しなければならない。

ただし、現代の軍事技術のレベルに照らすと、交戦諸国が日本の中立侵害行為に着手したか否かを判断できない場合が少なくないため、第三国間が戦争状態に陥ったならば、永世中立国・日本としては日本の中立を維持するために、交戦諸国に対して下記の趣旨に沿った通告をなさねばならない。

「永世中立国である日本は、日本が負っている国際法的に確立されている中立義務を遵守するために、交戦諸国の軍艦、軍用機、軍用に供されている民間船舶、軍用に供されている民間機などによる日本領海内ならびに日本領空内への侵入を直ちに中立侵害と見なし、軍事力による撃破をも含め適宜の措置を講ずる。また交戦諸国の定期運行やチャーター通告がなされていない民間船舶や民間機が日本領海内あるいは日本領空内に侵入した場合には、臨検、拿捕、強制着陸などの措置を実施し、それら民間船舶や民間機が被った不利益は交戦当事国が責を負わなければならない。ただし、戦闘能力を喪失して日本領内を目指して逃亡してきた交戦国艦艇や航空機、ならびに戦闘被害を受けて日本領内を目指して退避してきた民間船舶や民間航空機を保護することは国際人道慣例に照らして中立義務に抵触しないため、交戦双方側諸国に対して公平に実施するであろう」

要するに、日本が永世中立国として国際法的に確立されている中立義務を果たす意思と能力がある、と国際社会に認めさせるためには、交戦国双方のいかなる艦艇、船舶、航空機といえども日本領海の上空・海上・海中に侵入させないだけの接近阻止戦力を日本自身が保持する必要があることになる。

すなわち、

⑴日本の領海・領空に向かって接近してくる恐れのある交戦諸国の艦艇、船舶、航空機を我が排他的経済水域外周の可能な限り遠海域で発見し、追跡警戒を開始する

(2)交戦国艦艇、船舶、航空機が日本の接続水域に達したならば、迎撃態勢を維持しつつ永世中立国である日本の領空・領海への侵入を拒否する警告を発し続ける

(3)それにもかかわらず日本の領空・領海に達した場合には、直ちに撃退行動を開始するといった一連の流れによって、中立義務履行を実施できる接近阻止戦力が不可欠である、ということになる。

【中立義務履行のための主要戦力案】

以下、現行の自衛隊に即してそれぞれ必要な主要戦力案を記すが、いずれの戦力にとってもサイバー空間ならびに宇宙空間を利用した最先端の情報収集・通信管制能力が整備されていることが大前提となっている。

（カッコ内の数字は最小限必要な保有数。保有数とは作戦投入数に待機準備中、メンテナンス修理中、教育訓練中の装備数や部隊数を加えた総数という意味である）

海上自衛隊

・海洋哨戒機（60：海上、海中を監視して艦艇や船舶、それに潜水艦を発見、追尾し、場合によっては攻撃することも可能な各種電子計器を満載したハイテク航空機）

・駆逐艦（20：水上戦闘艦の中では比較的大型な軍艦で、敵艦艇との戦闘、敵航空機との戦

闘、敵潜水艦との戦闘、地上との戦闘など多くの役割をこなすための装備が積載されている）。

・フリゲート（30：駆逐艦より小型の中型水上戦闘艦で、戦闘機能が限定されている場合が多い。ただし、軍事技術のコンパクト化によって駆逐艦に匹敵するような多くの役割をこなすフリゲートも多くなってきており、コストパフォーマンスの観点からヨーロッパ海軍などではフリゲートが主力になっている。中国海軍は大型駆逐艦とフリゲートの双方を充実させている。

アメリカ海軍は一時フリゲートを廃止し、巡洋艦、駆逐艦より大型の多機能水上戦闘艦、駆逐艦に統一してしまったが、フリゲートの機能向上と有用性そしてコストパフォーマンスを評価してフリゲートの開発・調達を再開した。アメリカと同じく、海上自衛隊も新鋭フリゲートの開発・調達を開始した。

日本の新鋭フリゲートは高性能とアメリカ海軍筋でも評価されているが、多機能フリゲートであるため価格的には小型駆逐艦のような存在となっている。ただし、永世中立国・日本の海上自衛隊にとっては主力艦として大量製造が必要とされる）。

・コルベット（30：フリゲートより小型の水上戦闘艦艇でミサイル艇、高速攻撃艇、沿岸哨戒艇などを含めてコルベットと呼称する場合もある。日本周辺海域は荒海が多いため、ミサイル艇よりも大型で耐航性の高いコルベットが望ましい)。

・潜水艦(30：宗谷海峡、津軽海峡、東京湾口、伊勢湾口、紀伊水道、豊後水道、敦賀湾沖、対馬海峡、大隅海峡、五島列島周辺、南西諸島の海峡部分などに接近してくる敵潜水艦を探知し、撃退あるいは撃破する)

航空自衛隊

・早期警戒管制機・早期警戒機(30：高性能レーダーを装着し、地上からのレーダーでは発見できない低空域や遠距離の航空機やミサイルを探知・追跡し、敵味方の識別をなし、味方の航空機や艦艇や地上部隊に情報を送るとともに航空管制も行う)

・戦闘機(120：日本領空に接近してくる敵の航空機やミサイルを迎撃する)

・対艦攻撃機(60：敵の艦船を攻撃する能力に優れた戦闘機や爆撃機)

陸上自衛隊

・地対空ミサイル部隊(30：地上移動式発射装置から対空ミサイルを発射し、航空機やミサイルを撃破するシステムを運用する部隊。レーダー装置や管制装置、通信装置なども移動式で、それら数種類の車両でミサイルシステムを構成している。個々の部隊は高高度の敵

機を撃破するシステム、低高度の敵機や巡航ミサイルを撃破するシステム、弾道ミサイルに対応したシステムを装備する）

・地対艦ミサイル部隊（30：地上移動式発射装置から対艦ミサイルを発射し、敵艦船を撃破するシステムを運用する部隊。レーダー装置や管制装置、通信装置なども移動式で、それら数種類の車両でミサイルシステムを構成している。艦艇を攻撃するシステムであるが、敵に発見されにくく、反撃されないために海岸地帯ではなく山間部などに分散配置する。ミサイルの射程距離は２５０㎞程度で、時速８５０㎞程度の亜音速ミサイルと時速マッハ２・５以上の超音速ミサイルの双方を装備する）

積極的に国際貢献をなすための軍備

第二次世界大戦以後、永世中立国や中立主義国は、軍事的中立という立場が国際事象には無関心な我儘（わがまま）な態度と見なされないために、積極的な国際協力を実施するようになり、そのために投入される軍備も必要とされている。

とりわけ国際連合の活動が本格化し、国連の決定によって国際平和維持活動（ＰＫＯ）がしばしば実施されるようになると、オーストリアやスイスといった永世中立国やスウェーデン、フィンランド、アイルランドなどの軍事的中立政策を標榜してきた国々（フィンランドとスウェーデンはロシア・ウクライナ戦争の勃発を契機として中立政策を放棄した）は、積極的にPKOに軍人や軍隊を参加させてきた。

また、軍隊を有さない非武装永世中立国のコスタリカは中立義務を果たすことはできないが、その代わりに軍事紛争に明け暮れる中米諸国の仲介調停役を永世中立国としての役割と宣言している。

要するに現代の永世中立国は、戦時において外敵に侵入されない保障を確保するだけでは自分勝手な国と見なされてしまうため、積極的に中立国としての特性を生かしながら国際協力を実施することによって軍事的中立という立場を正当化し、維持しなければならないのである。

海洋からの補給支援活動に焦点を当てるべき

それでは永世中立国・日本は、どのような国際協力にいかなる軍備を投入することにより国際的貢献を効果的に果たすことができるのであろうか？

軍事的非同盟国である以上、絶対に戦闘に巻き込まれたり、いずれかの陣営側に加担しているとの疑義を持たれたりしてはならない。したがってＰＫＯに関しては停戦監視員、司令部要員、事務局要員、技術指導員などの派遣、そして何よりもＰＫＯ部隊への海洋からの補給支援活動に焦点を当てるべきである。

海洋からの支援活動にはヘリコプター空母ならびに大型病院船が極めて有用であり、またこれらの艦船を国際協力活動に提供できる国は極めて少数である。

ヘリコプター空母には捜索活動や救難活動、それに物資輸送用など各種ヘリコプターを多数積載することができ、陸上の航空基地がなくとも（大規模被災地ではそのような施設は期待できない）海洋を移動して捜索救難活動に適した地点から作戦を実施できる。海上自衛隊はヘリコプター空母を４隻保有しているが、日本以外にヘリコプター空母（あるいは強襲揚陸艦）を運用しているのは10カ国だけである。

ただし、３隻以上のヘリコプター空母を保有し、非軍事的な国際協力活動に派遣できるのは、アメリカ海軍（10隻、ただし昨今はアメリカの軍艦修理メンテナンス能力が低下し、軍事的な出動態勢を確保するのも困難になってしまい、災害救援に強襲揚陸艦を出動させることは難しくなっている。実際に、２０２２年に発生したトンガでの大噴火に対する災害救援活動には強襲揚陸艦に海兵隊を積載して派遣する余裕はなかった）、海上自衛隊（４隻）、中国海軍（４隻）そしてフランス海軍（３隻）だけである。そのため、ヘリコプター空母に捜索救難用ヘリコプターと捜索救難チーム、それに支援物資などを積載して大規模災害支援に派遣することは、実に強力かつ貴重な国際貢献となる。

多数の病床と複数の手術室やＥＲ（緊急救命室）などを備えた大型病院船が被災地沖合に停泊することによって、被災地に病院が誕生したことになる。現在この種の大型病院船を運用しているのはインドネシア海軍（４隻）、中国海軍（３隻）、ロシア海軍（３隻、ただし旧式）、アメリカ海軍（２隻、ともに病床数１０００と巨大）それにベトナム海軍（１隻）だけである。海洋国家の永世中立国である日本としては、最新医療設備を備えた大型病院船を少なくとも３隻以上は建造し、国際貢献をアピールすべきであろう。

集団安全保障のための国際組織を標榜している国際連合は、もはやアメリカ主導のグループとそれに対抗するいくつかの勢力とに分裂しており、国際社会は集団安全保障の理想から大きくかけ離れてしまい、国際連合あるいは国際連盟が設立された以前の軍事強国ブロックによるパワーバランスの状況に陥っている。そのため、国連によるＰＫＯは軍事強国の思惑に左右されやすいので、永世中立国・日本としては、ＰＫＯよりも大規模災害救援活動や人道支援活動などの国際協力活動への貢献に重きを置くべきである。

緊急展開災害救援隊の派遣

大規模災害救援活動や人道支援活動のような国際協力活動には多くの場合軍隊が派遣される場合が多いが、必ずしも軍事組織が必要とされるわけではない。むしろ捜索救援活動や復興支援活動を専門とする部隊のほうが、戦闘が本職の軍隊よりも効果的なことは自明の理である。実際に、消防組織や警察機関などのレスキューチームなどが派遣される場合もあるが、そのような部隊は小規模なものとならざるをえない。

スイスやオーストリアのように永世中立国としての認識が国際的に定着している国々とは違い、いくら日本が非核重武装永世中立主義を国際社会に宣言したとしても、長らくアメリカの軍事的属国として手先のような位置づけとしての認識が国際社会では定着している。さらには第二次世界大戦以前には短い期間ではあったものの三大海軍強国の一つとして認識されていた日本が、永世中立国としての国際的認識を高め定着させるためには、大規模自然災害などに対する国際的支援活動で名実ともに〝際立った〟存在になることが極めて効果的方策といえよう。

そのためには、大規模な捜索救援活動や復興支援活動を専門とする災害救援隊「緊急展開災害救援隊：Rapid Reaction Disaster Relief Corps」、そして日本を含めた国際社会が協力して実施する大規模災害救援活動を海洋から支援するための補給艦、病院船、そして大型輸送機などの海洋からの支援手段としての戦力を派遣することが、日本であるからこそ可能な策である。

なぜならば、日本にはこのような災害救援隊を創建するための母体となる陸上自衛隊という災害救援活動（ただし、これまでは日本国内での活動に限られているものの）において経験豊富な組織が存在しているからである。それとともに、国際災害救援活動を海洋から支援するための軍艦や航空機を提供できる国々は極めて少ないのであるが、そのような艦船や航空機は現時点においても、大型病院船を除いては、日本は保有しているからである。

このような理由から、大規模な捜索救助活動や復興支援活動を専門とする災害救援隊は戦闘を主目的とする軍備というわけではないが、日本が永世中立国として積極的に国際貢献をなすための軍備に含めるのである。

若干本論から逸脱するが、陸上自衛隊から人員を抽出して常設の災害救援隊を編成する、というアイデアは、日本が日米同盟から離脱し、永世中立国化するとともに海洋国家防衛原則に立脚した国防体制を確立するに当たって何よりも重要なアイデアの一つであるため、その背景事情をここに記しておきたい。

生かされていない「陸戦は避けよ」という教訓

　日本周辺の軍事情勢が緊迫の度合いを増している今日、日本が第二次世界大戦の敗北から学び取り、現在に生かさなければならない様々な教訓のうちでも、国防の基本方針に関わる筆頭は「外敵の軍事的脅威は海洋で打ち払わなければいけない」ということである。この教訓は、沖縄や太平洋の多数の島嶼や樺太（からふと）などで繰り広げられた陸上戦（とりわけ多数の民間人を巻き込んだ沖縄での戦闘）のような「陸上での防衛戦を前提としてはならない」と言い換えることができる。

　しかしながら、日本政府はもとより日本国防当局が必ずしもこの教訓を生かしているとは思えない。というのは、陸上自衛隊が日本国内での防衛戦を前提としているからである。もちろん、戦略的に避けねばならない日本国内の防衛戦を前提にしているといっても、第二次世界大戦期のように日本国内に立てこもって玉砕するまで戦い抜くのではなく、アメリカの日本救援軍が来援して外敵を蹴散らしてくれるまで抵抗するのが陸上自衛隊にとって最後の防衛戦ということになっているからである。

狭い国土に異常に多い駐屯地

このような方針のもとに整備されている陸上自衛隊の配置を見ると、狭い日本の島内（アメリカの国土から考えると日本〝本土〟は本州も含めてすべて島である、ちなみにカリフォルニア州の面積は日本の面積よりも広く、テキサス州に至っては日本の面積の2倍もある）に異常に数多くの駐屯地が存在している。

そのように分散されている多くの部隊の中から、重複している役割を持つ部隊を整理統合して少数精鋭化し、海上自衛隊ならびに航空自衛隊との連携を強化し、日本列島を取り囲む海と空とを利用して展開する機動能力を飛躍的に向上させれば、駐屯地を整理集中させることができ、有事にあたってはより効果的な作戦遂行が可能となる。

要するに、中国やロシアのように広大かつ海洋上の移動がままならない大陸における陸上部隊の配備ならば、数多くの地点に分散させざるをえないが、日本という小さな島国で広大な大陸の陸軍のような態勢を固めているのは、むやみに兵員数を増加させてしまう結果となってしまっている、というわけである。

そして、海洋国家防衛原則によれば日本列島の防衛は海洋で決着をつけるのが原則であるにもかかわらず、陸上自衛隊の規模が大きくなっているため、海上自衛隊や航空自衛隊の資源が枯渇しているという、歪な状況に陥っているのだ。すなわち、自衛隊内のパイの分配は誤っていると考えざるをえない。

陸海空自衛隊の兵力バランス

中国海洋戦力、中国長射程ミサイル戦力、北朝鮮弾道ミサイル戦力などの日本が直面している深刻なる軍事的脅威ならびに日本の国防予算規模から判断すると、陸上自衛隊の人的規模、兵力およそ15万名は大きすぎると思われる。反対に、中国海洋戦力の飛躍的増強に鑑みれば、海上自衛隊と航空自衛隊の規模はあまりにも小さすぎる。今後も中国海洋戦力と中国長射程ミサイル戦力は質量ともにますます強大化していくため、海上自衛隊と航空自衛隊の戦力（艦艇数、航空機数、人員数）、それに陸上自衛隊の地対艦ミサイル関連戦力の大増強が可及的速やかになされねばならない状況である。

新生陸上自衛隊の兵力は8万

陸上自衛隊の効率的な組織改革と少数精鋭化が達成されれば、陸上自衛隊の兵力は8万名程度で十分と思われる。具体的には陸上自衛隊を、⑴陸海空を移動展開できる高度な機動力を持った特殊作戦戦力、⑵地対艦ミサイル、地対空ミサイル、イージス・アシヨア、PAC－3（航空自衛隊から移管）などを運用する防御ミサイル戦力、の二本柱で再編成すれば兵力8万名で少数精鋭の戦闘集団に生まれ変わる。

純粋に軍事戦略的視点から冷徹に判断すると、陸上自衛隊は（言葉は悪いが）7万名近い余剰人員を抱えていることになるわけであるから、それを削減することが日本の防衛態勢を正常化し強化する第一歩となるのである。とはいっても、このような大出血を伴う改革を、強い反発や恨みを買うことを覚悟して自ら唱道するのは難事である。しかしながら、陸上自衛隊の人員大削減を実施しなければ、日本の国防に未来はないのだ。

中国では、人民解放軍の海洋戦力を大増強する過程で肥大化していた陸軍の大削減を実施したのは有名な話であるが、共産国家であるがゆえの大削減という見方もできなくはない。しかしながら、民主国家のアメリカでも思い切った余剰戦力の大削減がつい最近、実施された。たとえばアメリカ海兵隊は余剰人員の削減ではないが、戦略環境に照らして不必要と指導部が判断した戦車部隊を全廃した。もちろん、海兵隊内外からの批判や反発は激しかったが、軍事環境の推移に適合させて海兵隊戦力を強化するためには避けえない措置であったと、海兵隊指導部は腹をくくって「no more tanks for Marine Corps」という強硬措置を実施し、保有していた452両の戦車全部を陸軍に移管させたのである。

専門性の高い常備災害救援隊の創建

陸上自衛隊は、発足以来現在に至るまで一度も戦闘に投入されたことがない。その一方で、大規模自然災害や他の政府機関が躊躇するような事故処理（たとえば伝染病患畜の殺処分など）には、国際常識に照らすと軍隊としては「異常なほど恒常的」に投入され続けている。要するに、現在の陸上自衛隊員が経験している〝実戦〟は戦闘ではなく災害派遣がすべてと見なしても過言ではない状況である。

様々な国家によってその設立目的や法的位置づけに差異があるとはいうものの、国家の軍事組織すなわち軍隊とは、基本的には「国防のための戦闘に打ち勝ち、自国民と国益を防衛する」という役割を主たる任務とする組織であることには変わりはない。

しばしば戦闘という〝実戦〟に投入されている米海兵隊や米陸軍と比較すると、頻繁に災害救援活動に派遣されている半面、戦闘経験がゼロで、戦闘に投入される可能性も極小である陸上自衛隊に、「戦闘に打ち勝つ」ための訓練や日常の心構えが行き渡っているのであろうか？　という疑義が生じざるをえない。なんといっても共通の敵に対して共同して戦闘を交える場合、同盟軍が弱体であった場合は自らの部隊も危険に陥ってしまうのであるから、常に戦闘を念頭に置いている米海兵隊関係者たちからこのような疑義を聞かされても、無理からぬこととといわざるをえない。

むしろ陸上自衛隊が実質的にお家芸としている災害救援活動に特化した組織――「常備災害救援復興隊」――を陸上自衛隊の一部を母体として発足させれば、戦闘と災害救援に二股をかけた中途半端な存在から脱することができ、捜索救助活動や被災地復興活動に特化した訓練が実施でき、それなりの専門的装備も身につけることができ、極めて効率がよい組織が完成することになる。

陸上自衛隊からの志願者、ならびに自衛隊の再編成により新生陸上自衛隊や海上自衛隊そして航空自衛隊に移籍しなかった陸上自衛隊員を母体として、これまで陸上自衛隊が恒常的に投入されてきた災害派遣を専門にする常設の災害救援隊を発足させれば、頻繁に陸上自衛隊が〝駆り出されて〟実施する災害救援活動より効率的かつ高度な災害救援活動が実施できることになる。

緊急展開災害救援隊はもはや軍事組織ではない

陸上自衛隊から離れることになる6万名前後の人々を母体にして緊急展開災害救援隊を編制することになるのであるが、緊急展開災害救援隊はもはや軍事組織ではないため、防衛省の管轄下にはなく、防災省のような行政機関が直轄する実働部隊となる。もちろんこの常備災害救援組織は国際協力のため海外にも派遣されるが、通常は日本国内で頻発している自然災害に対処することになる。

陸上自衛隊から分離独立することになる常設の緊急展開災害救援隊を創設する、というアイデアに対しては、「新設される緊急展開災害救援隊は、陸上自衛隊が保持する能力のうち災害救援に活用できる能力を保持することになるため、緊急展開災害救援隊と陸上自衛隊がともに有する災害救援能力はオーバーラップすることになる。したがって、陸上自衛隊から分離独立させる必要はなく、これまで通り必要に応じて自衛隊から災害救援部隊を派遣すべきである」という反対意見が存在するであろう。

しかし災害救援活動に特化した装備を身につけ、専門の訓練を施すことになる「緊急展開災害救援隊は、災害救援にも活躍することが可能である、というレベルの陸上自衛隊の救援部隊よりも、災害救援という視点からは、より強力で効果的な災害救援活動が実施できる専門家集団となるのは自明の理である。

また、常設の緊急展開災害救援隊に関して「災害救援を専門とする組織は、消防組織や警察組織や軍事組織と違って、大規模災害が発生しない〝平時〟において訓練以外の任務がないではないか」という批判も加えられる。しかし、軍隊もその本務は「外敵との戦闘に打ち勝つ」ことにあるのであって、戦闘や戦争が発生していない〝平時〟にあっては訓練が任務となっているのである。

この種の新たなアイデアを提示すると、前例を墨守するだけで新規事業は何もしたくないという勢力は、新しいアイデアを真剣に検討することなしに、決まって反対し妨害しようとする。しかしながら、日本が直面している自然環境と軍事環境は危険水域に達しているのだ。日々変化し続けている日本を取り巻く自然環境と軍事環境の双方に即応する妙案こそ、自衛隊の抜本的組織再編成と緊急展開災害救援隊の創設である。

海洋国家防衛原則に立脚した軍事力

日本が中立義務を果たす軍備を整備して名実ともに永世中立国として再スタートしたからといって、第三国間の軍事紛争の際における中立侵害の危険性だけが日本にとっての軍事的脅威というわけではない。

ただし日米同盟が消滅し、アメリカの軍事施設が存在しなくなった日本領内に対して、アメリカが関与する軍事紛争が引き金となって軍事攻撃が加えられる可能性はほぼ消失する。

日本が抱えている領域紛争のうち、北方領土紛争ならびに竹島紛争においては、日本側が奪還のために先制的に軍事攻撃を実施しない限りロシアや韓国や北朝鮮から軍事力が行使される可能性は全くないことは、すでに論じた通りである。やはり本書で分析したように、尖閣諸島を巡る領有権紛争においては、台湾による軍事力行使の可能性はほぼ存在せず、中国による軍事力の行使も日本との軍事衝突に発展するような形態ではなされえないであろう。

とはいうものの、現時点で予測されえない事態により、日本領域が軍事攻撃の対象となる事態が生ずる可能性は否定するべきではない。また、海外との交易に大幅に国民経済の維持発展を頼っている海洋国家としての日本を支える海上交易路が、海賊や海洋テロなどの軍事的脅威にさらされた場合には、軍事力をもってして脅威を排除し、海上交易を確保しなければならない。

永世中立国であるからといって、中立義務を果たすためだけに軍事力を保持しなければならないわけではなく、独立国として保持すべき自衛戦力は整えておかなければならないことは当然といえよう。

ただ、アメリカの軍事的属国であった時期とは違い、アメリカによって引き起こされる可能性がある軍事紛争に備えての軍事力や、アメリカの都合によって持たされたり、アメリカの機嫌を取るために取り揃えたり、といった類の軍事力の整備からは解き放たれるのである。何といっても新生日本は、もはや中国や北朝鮮やロシアが脅威を感じ、敵視しているアメリカの軍事的属国ではないのである。

要するに、アメリカ各界からの厄介な政治的・軍事的・経済的ガイアツを考慮に入れずに、日本自身の必要性だけに焦点を合わせて「軍事同盟を前提としない独立国として最低限備えておくべき範囲での最強の軍備」を構築し維持していけばよいことになる。

軍事的属国時代における日本の制海三域

現在の日本は、地形的には完全なる島嶼国家であり、天然資源に恵まれていないために海上交易力によって国民経済を維持発展させる必要がある、地政学的にいう海洋国家として存続を図らなければならない。

このような海洋国家が基準とすべき国防の基本戦略は、古今東西の海洋国家の抗争事例や興亡史から導き出されており、その戦略を本稿では「海洋国家防衛原則」と呼称し、海洋国家防衛原則の地理的指針として生み出されたのが「制海三域」という概念であることはすでに垣間見た通りである。

それらの概念は極めて重要であるから、もう一度記載しておきたい。

海洋国家防衛原則

「国防の目的は、自国の領域と自国の海上交易の保護にあり、それらに危害を加えようとする外敵は海洋上において撃退し、自国の領域には一歩たりとも侵入させない」

制海三域

海洋戦力によって海上優勢と航空優勢を維持することができる海域を制海域という。制海域を自国沿岸からの距離によって3つのレベルに分類することによって国防戦略の目的を可視化したものが制海三域である。

(1)後方制海域

自らの海洋戦力により軍事的優勢を比較的容易かつ確実に確保しうる、自国の領域に近接している海域。

(2)基幹制海域

自国の領域に対して攻撃を企てる敵海洋戦力を迎撃したり、自国の海上交易を妨害したり危害を加えようとする勢力を撃破するため、自らの海洋戦力によって軍事的優勢を必要十分な期間にわたって確保することができる海域。

(3) 前方制海域

通常は自らの海洋戦力が軍事的優勢を手にしていないが、有事に際しては自らの海洋戦力によって軍事的優勢を確立したうえで、作戦行動を実施する海域。

過去、半世紀以上にわたってアメリカの軍事的属国であった日本は、決して海洋国家防衛原則を遵守して国防力を構築してきたわけではなかった。そのため、これまでの日本の防衛態勢を制海三域に当てはめてみることによって、独立国家である永世中立国・日本が構築すべき海洋国家防衛原則に立脚した「軍事同盟を前提としない独立国として最低限備えておくべき範囲での最強の軍備」の姿が理解しやすくなるであろう。

感情的な勢力争いになってしまった「海主陸従」の国防戦略

海洋国家防衛原則に則った国防方針を採用すると、海洋上で敵を撃破するための戦力、一般的には航空戦力を含んだ海軍力が主たる戦力と見なされ、陸上戦力は理論的には副次的戦力と見なされることになる。航空戦力が独立しておらず、海軍と陸軍しか存在しなかった時代には、海洋国家防衛原則はたんに海軍優先主義あるいは海主陸従主義などと理解されていた。

そのため、海洋国家防衛原則を陸軍陣営が忌み嫌うのは自然の成り行きであり、海軍と陸軍の対立の原因ともなり、それによって国防方針を誤ってしまうこともあった。このような事情はどの国でも似通っており、海軍と陸軍によって国防方針の決定が争われるのは通り相場ともいえる。ただし、そのような対立が極めて激しかったのが、日露戦争後から対米英戦争に敗北するまでのおよそ40年間の日本であった。

日露戦争における教訓をもとにして、海軍大臣山本権兵衛の懐刀であった海軍戦略家佐藤鉄太郎（日露戦争時は大佐、のち中将で退役）を中心とする海軍将校たちは「日本の防衛は海洋で外敵を撃破することを中心に据えるべきであり、そのためには海軍力を主体に整備しなければならない」と強硬に主張した。

しかしながら、海洋国家防衛原則に根差したまさに「海主陸従」の国防戦略が海軍側から提起されたため、陸軍側の猛反発を買うことになってしまった。そして戦略論争ではなく、感情的な陸海軍の勢力争いの原因の一つへと転化されてしまった。

それだけではなく、中国大陸を日本の植民地化しようと考える大陸侵出論勢力にとっても、中国大陸での戦闘では当然ながら主力となる陸軍力を制約するような海主陸従方針すなわち海洋国家防衛原則は最も忌み嫌うべき、そして排撃すべき主張と認識されたのである。

結局、大陸侵出を画策する資本家や政治家が陸軍陣営と結束して、佐藤鉄太郎たちを中心とする海軍側の戦略家たちによって唱えられた海洋国家防衛原則に則った海軍主体の国防戦略は徹底的に攻撃され、政治力に勝る陸軍陣営によって排斥されるに至った。

その後も、陸軍首脳部と海軍首脳部は互いに牽制し合いながら自らの勢力（すなわち予算や人員）を拡張することに戦々恐々としたため、日本の海軍力は日本防衛にとって必要な戦力レベルに到達することはできなかった。最終的には、第二次世界大戦において大日本帝国海軍は壊滅してしまい、日本は連合軍に占領されてしまった。

専守防衛思想では遅きに失する

第二次世界大戦での手痛い敗北後、アメリカの軍事的属国状態が継続したために、日本の国防システムの構築はアメリカの都合に大幅に左右されることになってしまったため、日本自身の経験も含めた古今東西の戦例からの教訓や軍事理論をしっかりと反映させる必要がなくなり、海洋国家防衛原則の実現は再び遠のいてしまった。

アメリカの軍事的保護国であるという状況下で、軍事組織というよりは行政官僚組織に近い陸上自衛隊と海上自衛隊それに航空自衛隊はそれぞれ互いに牽制しながらバランスを取り合って予算や人員の配分に戦々恐々とする、というかつての大日本帝国海軍と大日本帝国陸軍のような状態が続くことになってしまった。

海軍陣営と陸軍陣営の対立という世界中の軍事組織で見受けられる軋轢以外にも現在の日本に特有の事情が、海洋国家防衛原則が排除されざるをえない状況を生み出している。それは憲法９条や、それから誕生した専守防衛思想である。

専守防衛思想が国会や政府それに国防当局をも含めた日本社会に幅広く浸透してしまっているため「外敵が自衛隊の艦艇や航空機などを直接攻撃した段階、あるいは外敵が日本領域（領空、領海、領土）に侵攻してきた（あるいは、侵攻してくる状況が明確になった）段階になって初めて迎撃戦を開始することができる」という基本的思考が日本社会には深く根付いてしまった。

専守防衛思想がまかり通ってしまっているため、外敵の目に見える形での軍事攻撃が開始されるまでは、いくら国防のために軍事合理性があるからといっても先手を打って効果的な防御策を実施することすらできない状況に陥ってしまったのである。

このように専守防衛思想に固執していると、外敵海洋戦力が日本領域に向かって接近している状況を捕捉していても外敵から目に見える形での攻撃を仕掛けられない限り、日本の領域の限界線である領海外縁線を外敵が越えた時点で初めて迎撃が可能となるのだ。

現代の兵器や通信手段の性能から判断すると、海岸線からわずか12海里の領海線周辺まで外敵が侵攻してきた段階で迎撃戦を開始するのでは、あまりにも遅きに失する（1海里は1852m。船が1時間に1海里進む速度を1kn〈ノット〉という。戦闘用の軍艦の最高速度は30ノット強程度のものが多い。輸送艦の最高速度は20ノット強程度である。したがって、領海線に達した敵艦艇は30分以内に日本の海岸線に到達してしまうのだ）。

陸上自衛隊による「本土決戦」のシナリオ

現代において領海線を制海域の最前線とするということは、つまり海洋国家防衛原則の制海三域に当てはめてみると、通常ならば後方制海域を設定するにしても海岸線に近すぎると考えられる領海内に、なんと前方制海域を設定していることを意味しているのである。

要するに、外敵の侵攻を阻止するための海洋での制海域は海岸線ぎりぎりの沿岸域のみであり、これでは海岸線沿岸域での地上戦を当初より想定せざるをえない。実際に、陸上自衛隊の編成や部隊配置は日本列島内での地上戦が前提とされている。また『武力攻撃事態等における国民の保護のための措置に関する法律』は、明らかに日本国内での地上戦が実施されることを前提とした法律である。

そして、日本沿岸の海岸線における地上戦のみならず、海岸線沿岸域を突破してさらに内陸に侵攻してきた敵を内陸で迎え撃って外敵侵攻軍に打撃を与えつつ持久戦に持ち込み、日本各地から増強部隊を集結させて反撃に転ずる、というのが陸上自衛隊による「本土決戦」のシナリオである。

ただし、このシナリオには日本がアメリカの軍事的属国であり、アメリカは日本の軍事的危機を救ってくれるという日本側の期待が大前提になっているため、続きがある。

陸上自衛隊が「本土決戦」を実施している間に、日米安全保障条約に基づいてアメリカ海軍艦隊や航空戦力によって日本に侵攻している外敵の海上補給線を打ち砕くとともに、アメリカ海兵隊が敵侵攻部隊の背後側面から上陸して内陸で防戦している陸上自衛隊と敵侵攻軍を挟み撃ちにする。やがて、アメリカ海軍の大艦隊やアメリカ陸軍の大部隊が日本に到着して敵侵攻軍を殲滅（せんめつ）する、という勝利のシナリオが用意されているのだ。

アメリカは直接援軍を送らない

しかしながら、このような日本政府国防当局の期待を現実と混同してはならない。というのは、過去半世紀にわたって、第三国同士の領域紛争で一方の当事国が他方の当事国の領域を占領あるいは奪取した事態が生じた場合、アメリカが本格的軍事介入を実施したのは、サダムフセイン政権下のイラクがクウェートに侵攻し占領した事例だけだからである。

アメリカにとっては日本の比にならないほど緊密な同盟国であるイギリスが、フォークランド諸島をアルゼンチンに占領されたときでさえ、アメリカは直接援軍を送らないどころか、当初の間はイギリス政府に対してアルゼンチンとの軍事対決を思いとどまるように説得を試みたほどである。

いずれにせよ、現在の日本は、危険極まりない制海域を設定した脆弱な防衛態勢を放置し続けている状況なのである。すなわち「外敵戦力は一歩たりとも我が海岸線には上陸させない」という『海洋国家防衛原則』は、日本国防当局の防衛構想から排斥されているのだ。

その結果、海上自衛隊と航空自衛隊には海洋国家防衛原則に従って海洋において外敵の侵攻を遮断するために必要十分な戦力が与えられておらず、陸上自衛隊は「ファイナル・ゴールキーパー・オブ・ディフェンス」という標語に示されているように、最終的には日本列島内部に立てこもって外敵侵攻部隊と「本土決戦」を交えようとしているのである。日本の国防戦略が記載されている「国家安全保障戦略」にも「防衛白書」にも海洋国家防衛原則に立脚した国防方針や、それを具体的にビジュアル化する制海三域のようなアイデアは見当たらない。このような防衛戦略上の油断（怠慢）は、日本国防当局自身も軍事的属国状態を受け入れてしまっているため無理からぬ状態であって、油断（怠慢）と呼ぶのは酷かもしれない。

制海三域を防衛する軍事力

日本がアメリカの軍事的属国状態から離脱し名実ともに独立国としての永世中立国家へと生まれ変わった場合、日米同盟上の制約ならびにアメリカ側の意向という与件は消失し、地勢的な島嶼国そして地政学的な海洋国家という与件のみに従って日本自身の自衛戦略を策定すればよいこととなる。当然ながら、海洋国家である日本の自衛戦略は海洋国家防衛原則に立脚するのである。

「日本の国防の目的は、日本の領域と日本に関係する海上交易を保護することにより日本国民の生命・身体・財産に危害が加えられないようにすることにある。そのために日本が保持する自衛戦力は、日本の領域に軍事的に侵攻したり日本国民の生命・身体・財産に軍事的危害を加えようとする外敵をことごとく海洋上において撃退し、日本の領海・領空では自由な行動はさせず、日本の領土には一歩たりとも侵入させない」

国防に必要な軍事力は、強大であるならばあるほど国防が完璧に近づくことを期待できるのはいうまでもない。しかしながら、いくら強大な軍事力を構築し続けても完璧を期することは至難の技である。また、いかなる国家といえども際限なく強大な軍事力を構築し維持することは不可能である。

実際に、突出して世界最大の軍事国家であるアメリカといえども、国防に必要な軍事力を策定するにあたっては、地勢的ならびに地政学的に必要不可欠な軍備を最優先とし、無理やりにでも想定できる脅威に対処するための軍備は最も後回しにする、という具合に優先順位に従って構築維持するべきであるとされている。

しかし、そのような優先順位が必ずしも遵守されるとは限らず、たとえば陸軍と海軍と空軍の勢力争いのような、脅威レベル以外の理由によって国防にとって妥当性を欠いた軍事力が構築されてしまっている事例も枚挙にいとまがない。

いずれにせよ、非核重武装永世中立を国是として掲げる新生日本が海洋国家防衛原則に立脚した軍事力は、上記のごとき自衛の目的を実現するための優先順位に従って構築維持されていかねばならない。

そのためには、何はともあれ海洋国家防衛原則に照らして妥当な制海三域を確定しなければならない。そして、下記のように設定された後方制海域（接続水域と領海の上空、海上、海中）を確実に防衛できる軍備を整えるとともに、基幹制海域（可能な限り遠方の排他的経済水域内海域の上空、海上、海中）での優勢を手にする軍備を可能な限り持続的に強化する。それとともに前方制海域として我が国の存立に欠かせない海上交易航路帯、とりわけ海賊事件が頻発しているチョークポイントにおける我が国に関係する交易に携わっている船舶の安全を確保するための軍備も可能な限り強化する、といった優先順位になろう。

以下、後方制海域防衛ならびに基幹制海域防衛それぞれに必要な主要戦力案を記すが、いずれの戦力にとってもサイバー空間ならびに宇宙空間を利用した最先端の情報収集・通信管制能力が整備されていることが大前提となっている。

1．後方制海域――「徹底抗戦」の範囲

制海三域を決定する際に、第一に確定しておくべきは後方制海域である。海洋国家防衛原則では、後方制海域での軍事的優勢を喪失してしまい、外敵侵攻軍に日本の海岸線を踏みにじられて日本領土内に攻め込まれてしまった時点で防衛戦は失敗と見なさざるをえない、と考えているからである。

しかしながら、海洋戦力が壊滅あるいは大打撃を受けた段階ではまだ防衛戦は終わっていないと考える人々は少なくない。もちろん、このような人々はかつての大日本帝国陸軍首脳部のように海洋国家防衛原則などは認めようとはせず、そのような戦略方針は海軍側による手前勝手な主張と見なしているのである。

つまり、戦史からの教訓やそれらから導き出された理論的考察などは眼中にいれず、海洋での迎撃戦に敗北しても、陸上部隊の決戦用戦力が存在する限り、日本の領土内で踏ん張って「本土決戦」をするのだと叫んで地上戦を繰り広げることを主張することになる。

しかしながら海洋国家防衛原則においては、「徹底抗戦」は最悪の場合でも後方制海域の海洋上で実施されねばならないのである。「徹底抗戦」がすべての防衛資源を投入しての背水の陣での迎撃戦を意味するのであるならば、そのような防衛資源は日本列島内での「本土決戦」ではなく、後方制海域での「徹底抗戦」に振り向けるべきなのだ。

もしも後方制海域における「徹底抗戦」によって敗北してしまった場合は、その時点で軍事的な抵抗は終結し、その後は外交が中心となる。この場合には停戦あるいは降伏によりとりあえず戦闘が終結し、敵の占領部隊が国土に進駐してくる可能性が高い。

しかし、進駐軍との間には地上戦が発生するわけではないので、非戦闘員の犠牲や建物財産はじめ社会的インフラの損害もほとんど生じない。敗北側の処遇交渉は外交の役目である。

一方、海洋国家防衛原則を無視して日本列島内での「本土決戦」に突入したあげくに敗北してしまった場合には、後方制海域による「徹底抗戦」段階での敗北よりも峻烈（しゅんれつ）な条件での停戦や降伏を受け入れざるをえないことになる。そして、やはり敵の占領部隊が進駐してくることになろう。

しかしながら後方制海域による「徹底抗戦」での敗北の場合と違い、日本の領土内で激しい地上戦を戦った戦闘員だけでなく、爆撃の被害を受けたり戦闘に巻き込まれたりしてしまった非戦闘員の犠牲も数知れず、もちろん地上戦の舞台となった地域の社会的インフラや日本国民の財産損害は、おびただしい数に上ることになる。

感情的には、「海洋で敗北しても地上での徹底抗戦で挽回するのだ」というのは〝愛国的〟で勇ましく聞こえるかもしれない。しかし、かつて日本でそのような感情に任せた結果、行き着いてしまったのが第二次世界大戦終末期の「本土決戦」なのである。

むやみに広大な海域を後方制海域にはできない

国民の生死、国家の存亡を左右する戦争は、極めて冷静に対処しなければならない。古今東西の数多くの海洋国家が関わった戦例は「海洋国家の防衛は海洋上で決着を付けねばならない」という教訓を与えているのである（たとえば、第二次世界大戦期以降の島嶼を巡る攻防戦の大半が、島嶼内に立てこもって防戦した側が敗北していることを示している。付表「第二次世界大戦発生以降の主要島嶼攻防戦」を参照のこと）。

要するに、後方制海域は最終的な徹底抗戦を実施しなければならない海域となるので、その最前線はできるならば日本の海岸線から可能な限り遠方海域に設定するに越したことはない。しかしながら、徹底抗戦のために残存する戦力を集中しなければならない事態を想定すると、むやみに広大な海域を後方制海域にするわけにもいかない。

したがって、後方制海域で敵侵攻軍と交戦する航空機、艦艇に加えて日本列島内から敵侵攻軍を攻撃する地対艦ミサイル戦力や地対空ミサイル戦力、それにレーダー類の能力などを勘案すると、永世中立国・日本が設定すべき後方制海域は「日本の接続水域の上空・

第二次世界大戦発生以降の主要島嶼攻防戦（1）

攻防対象島嶼	発生年	侵攻軍	防衛軍	攻防戦主戦場		防衛の結果
				周辺の海・空	海外島内陸	
グレートブリテン島	1940-41	ドイツ	イギリス	✔	—	成功
マルタ島	1940-43	ドイツ・イタリア	イギリス	✔	—	成功
グアム島	1941	日本	アメリカ	—	✔	失敗
香港	1941	日本	イギリス・カナダ	—	✔	失敗
ウェーク島	1941	日本	アメリカ	—	✔	失敗
ルソン島	1941-42	日本	アメリカ	—	✔	失敗
ボルネオ島	1941-42	日本	オランダ・イギリス アメリカ	✔	✔	失敗
タカラン島	1942	日本	オランダ	—	✔	失敗
スラウェシ島	1942	日本	オランダ	—	✔	失敗
アンボン島	1942	日本	オランダ オーストラリア イギリス	—	✔	失敗
ニューブリテン島	1942	日本	オーストラリア	—	✔	失敗
シンガポール	1942	日本	イギリス オーストラリア	—	✔	失敗
ジャワ島	1942	日本	オランダ・イギリス オーストラリア アメリカ	—	✔	失敗
ツラギ島	1942	日本	イギリス・アメリカ オーストラリア	✔	✔	失敗
コレヒドール島	1942	日本	アメリカ・フィリピン	—	✔	失敗
ガダルカナル島	1942-43	アメリカ オーストラリア	日本	✔	✔	失敗
ツラギ島	1942	アメリカ	日本	—	✔	失敗
ガブツ島	1942	アメリカ	日本	—	✔	失敗
タナンボゴ島	1942	アメリカ	日本	—	✔	失敗

第二次世界大戦発生以降の主要島嶼攻防戦（2）

攻防対象島嶼	発生年	侵攻軍	防衛軍	攻防戦主戦場		防衛の結果
				周辺の海・空	海外島内陸	
アッツ島	1943	アメリカ	日本	—	—	失敗
レンドバ島	1943	アメリカ	日本	✓	✓	失敗
ニュージョージア島	1943	アメリカ	日本	—	✓	失敗
ベラ・ラベラ島	1943	アメリカ ニュージーランド	日本	—	✓	失敗
トレジャリー諸島	1943	ニュージーランド アメリカ	日本	—	✓	失敗
ブーゲンビル島	1943-45	アメリカ オーストラリア ニュージーランド	日本	—	✓	失敗
タラワ環礁	1943	アメリカ	日本	—	✓	失敗
マキン環礁	1943	アメリカ	日本	—	✓	失敗
クエゼリン環礁	1944	アメリカ	日本	—	✓	失敗
エニウェトク環礁	1944	アメリカ	日本	—	✓	失敗
アドミラルティ諸島	1944	アメリカ オーストラリア	日本	—	✓	失敗
ビアク島	1944	アメリカ	日本	—	✓	失敗
サイパン島	1944	アメリカ	日本	—	✓	失敗
グアム島	1944	アメリカ	日本	—	✓	失敗
テニアン島	1944	アメリカ	日本	—	✓	失敗
ペリリュー島	1944	アメリカ	日本	—	✓	失敗
アンガウル島	1944	アメリカ	日本	—	✓	失敗
レイテ島	1944-45	アメリカ オーストラリア フィリピン	日本	✓	✓	失敗
ミンドロ島	1944	アメリカ オーストラリア	日本	—	✓	失敗
ルソン島	1945	アメリカ フィリピン メキシコ	日本	—	✓	失敗

第二次世界大戦発生以降の主要島嶼攻防戦（3）

攻防対象島嶼	発生年	侵攻軍	防衛軍	攻防戦主戦場		防衛の結果
				周辺の海・空	海外島内陸	
硫黄島	1945	アメリカ	日本	—	✓	失敗
ビサヤ諸島	1945	アメリカ・フィリピン	日本	—	✓	失敗
ミンダナオ島	1945	アメリカ・フィリピン	日本	—	✓	失敗
沖縄諸島	1945	アメリカ・イギリス	日本	✓	✓	失敗
ボルネオ島	1945	アメリカ・オーストラリア	日本	—	✓	失敗
占守島	1945	ソビエト連邦	日本	✓	✓	停戦
フォークランド島	1982	アルゼンチン	イギリス	—	✓	失敗
サウス・ジョージア島	1982	アルゼンチン	イギリス	—	✓	失敗
サウス・ジョージア島	1982	イギリス	アルゼンチン	✓	✓	失敗
フォークランド島	1982	イギリス	アルゼンチン	✓	✓	失敗
グレナダ（島国）	1983	アメリカ・カリブ海諸国軍	グレナダ・キューバ	—	✓	失敗

海上・海中ならびに最悪の場合には領海の上空・海上・海中」ということになる。

この範囲であるならば、日本各地に分散配備する戦闘機や対艦攻撃機それに小型中型戦闘艦艇を多数集中投入でき、陸上からの各種ミサイルの射程範囲も数多くオーバーラップさせることが可能となり、極めて強力な徹底抗戦戦力を維持することが可能である。

【後方制海域を突破されないための主要戦力案】

（注：カッコ内の数字は最小限必要な保有数。保有数とは作戦投入数に待機準備中、メンテナンス修理中、教育訓練中の装備数や部隊数を加えた総数という意味である）

海上自衛隊
・駆逐艦（20）
・フリゲート（30）
・コルベット（60）
・潜水艦（30）
・海洋哨戒機（60）
航空自衛隊
・早期警戒管制機、早期警戒機（30）
・戦闘機（180）
・対艦攻撃機（120）
陸上自衛隊
・地対空ミサイル部隊（30）
・地対艦ミサイル部隊（30）

永世中立国・日本が中立義務を果たすために必要な軍備と、後方制海域を防衛する軍備との構成内容はほぼ共通している。ただし、それらを中立義務を果たすために用いる場合と外敵侵攻軍を撃退するために用いる場合とでは、用兵目的が異なる。

前者の場合には、第三国間の戦争における交戦国戦力が日本の領海に侵入するのを阻止することが目的であるため、排他的経済水域でも接続水域内でも基本的には警戒監視が目的であり、万が一にも領海内に浸入してしまった場合だけ撃破することになる。

そもそも、撃退する相手は日本攻撃を目的にしているわけでないため日本にとっての敵というわけではない。それに対して後者の場合には、我が国に敵意を持って侵攻してくる敵を撃退することになるため、名実ともに戦争状態下での出動ということになる。

いずれにせよ、海洋国家防衛原則における「徹底抗戦」のための軍事力と、永世中立国としての義務を果たすために必要な軍事力が重複しているということは、日本にとっては極めて有利な軍事的条件である、ということになる。

2．基幹制海域――整備が完了した戦力に対応する領域

そもそもアメリカとの軍事同盟を解消し、アメリカの軍事施設が全く存在しなくなっただけではなく、永世中立国として再出発した日本に対して、本格的な軍事攻撃が加えられる可能性は極めて低くなることは確実なのである。

しかしながら、万が一にも日本領内を攻撃することができる巡航ミサイルなどで武装し

た軍艦や艦隊、あるいは日本領内を攻撃することができる航空機を積載した航空母艦やヘリコプター空母を擁した艦隊、もしくは日本領内に上陸・侵攻できる陸戦部隊（海兵隊や海軍陸戦隊など）を積載しているであろう強襲揚陸艦などで編成された艦隊、あるいは日本領内を攻撃することができる爆撃機や戦闘攻撃機やそれらで編成された航空戦隊などが日本に向かって接近しつつあり、それらの行動目的が不明である場合、日本としては可能な限り遠方海域で、少なくとも日本の排他的経済水域に侵入を始めた辺りで、そのような艦艇、艦隊、航空戦隊の行動目的を確認する措置を取る。それでも不明あるいは極めて不審な場合は、日本に対する侵攻を意図していると判断する旨を不審艦艇・艦隊・航空機・航空戦隊に通告し、直ちに迎撃措置を実施することになる。

もちろん、この種の不審な艦艇、艦隊、航空機、航空戦隊を排他的経済水域外においても探知した段階で追尾を開始し、緊急迎撃態勢を固めるのであるが、何らかの事情ですでに戦争状態にあるわけではない場合には、不審な艦艇・艦隊・航空機・航空戦隊などが排他的経済水域に差し掛かった段階で上記のような迎撃通告をなし、迎撃戦を開始する。そして、すでに日本を侵攻する可能性が高い「敵」と認定したそれらの艦艇、艦隊、航空機、航空戦隊が日本の接続水域に達するまでに撃退あるいは撃破してしまい、接続水域内には極力侵入させないようにする。

要するに、永世中立国・日本の基幹制海域は接続水域の外縁周辺海域から可能な限り遠方の排他的経済水域の上空、海上、海中ということになる。

ただしこの基幹制海域の外縁は、実際に整備が完了し、稼働態勢が整っている迎撃用戦力の状況に応じて後退させたり前進させたりする、すなわち固定ラインで囲まれた領域ではなく、整備が完了している戦力に対応した柔軟性のある領域ということになる。

基幹制海域での迎撃に投入される艦艇は、万一の事態が生じた場合に日本沿岸より遠方海域に可及的速やかに到達しなければならないため、ある程度の数量を常時、排他的経済水域外縁に近い海域に展開させておく必要がある。そのため、後方制海域で多数投入される小型戦闘艦艇ではなく、大型あるいは中型の戦闘艦が中心となる。

航空機による迎撃に関しては、航空母艦による前方展開が必要になるほどの距離とはいえず、防空態勢を完備した航空基地さえ多数分散配置すれば効果的な反撃が可能となる。また地上からの対艦攻撃や対空攻撃も、後方制海域ほどの密度を持った集中攻撃は困難になるが、最先端のシステムを導入すれば十二分に効果的な迎撃が可能である。


【基幹制海域防衛のために後方制海域防衛戦力を増強する目的で追加する主要戦力案】

（注：カッコ内の数字は、最小限必要な追加保有数。保有数とは作戦投入数に待機準備中、メン

テナンス修理中、教育訓練中の装備数や部隊数を加えた総数という意味である)

海上自衛隊

・駆逐艦(10)

・フリゲート(15)

・ヘリコプター空母(6)

・海洋哨戒機(20)

航空自衛隊

・早期警戒管制機、早期警戒機(10)

・戦闘機(60)

3.前方制海域

さて、海洋国家として独立を維持し、国力を発展させていくには、我が領域だけを防護すれば事足りるわけではなく、我が海上交易を保護する必要がある。天然資源自給率が極めて低く、食料自給率もカロリーベースでは最貧国の部類に低下している日本は、世界各地からの海上交易に国民経済そして国民生活を頼らざるをえない。

ただし、永世中立国となった日本にとって理論的には仮想敵国は消滅するため、アメリ

主要戦力表

主要戦力保有数	中立義務履行	海洋国家防衛原則履行		総保有数
		後方制海域	基幹制海域追加数	
海上自衛隊				
海洋哨戒機	60	60	20	80
駆逐艦	20	20	10	30
フリゲート	30	30	15	45
コルベット	30	60	0	60
潜水艦	30	30	0	30
ヘリコプター空母	0	0	6	6
航空自衛隊				
警戒機	30	30	10	40
戦闘機	120	180	60	240
対艦攻撃機	60	120	0	120
陸上自衛隊				
地対空ミサイル部隊	30	30	0	30
地対艦ミサイル部隊	30	30	0	30

カの軍事的属国であった時代よりは、第三国間の対立や戦争の影響により公海における航行の安全が脅かされて海上交易に支障を来してしまう可能性は減少することになる。

しかしながら、世界中の航路帯で海賊事件（船舶に対する武装強盗事件やテロ攻撃を含む）が頻発しており、国際社会の公敵とされている海賊から日本の交易に従事している船舶を護ることは、日本の国防にとって欠かせない任務である。

とはいっても、長年にわたって世界最大の海軍力を有してきたアメリカといえども、そして世界最大の海軍力を有しつつある中国といえども、単独で世界中の海上航路帯での軍事的優勢を確保することは不可能である。そのため、アメリカ海軍をはじめ各国海軍は海上航路帯の航行が脅かされる確率が高く実際に海賊そしてテロリストなどの襲撃が発生しているチョークポイントと呼ばれる海域の周辺を繰り返し警戒監視し、民間船や軍艦の航行の安全を確保する努力をなしている。

要衝となったバブ・エル・マンデブ海峡

たとえば、紅海とアデン湾をつなぐ海峡でスエズ運河とアラビア海・インド洋との間を航行する船舶が通航する重要な海峡であるバブ・エル・マンデブ海峡が典型的な「危険なチョークポイント」の一つである。

スエズ運河が開通するまではヨーロッパからインド方面に達するにはアフリカ西岸の大西洋を南下してアフリカ南端の喜望峰沖をインド洋に回り込み、インド洋を北上しなければならなかった。

しかしスエズ運河が開通し、地中海と紅海がつながれたため、喜望峰回りという大航海は必要なくなった。ただし、紅海とアラビア海（北部インド洋）を隔てているバブ・エル・マンデブ海峡もスエズ運河を通航する艦船にとっては等しくチョークポイントとして要衝となったのである。

海賊によるタンカーや貨物船に対する襲撃が頻発しているバブ・エル・マンデブ海峡の周辺海域での航行の安全を確保するために、アメリカをはじめとするＮＡＴＯ諸国、日本それに中国などが艦艇や哨戒機を派遣している。この海峡に隣接するジブチにはフランス、アメリカ、イタリア、日本そして中国が軍事基地を設置し、それぞれ海軍部隊、航空部隊そして地上部隊を常駐させ、周辺海域に目を光らせている。

国連の平和維持活動などのため海外に自衛隊の小部隊を派遣するだけで大騒ぎになる日本であるが、国民の耳目に触れないように素早くジブチに自衛隊の海外軍事基地を設置し、海洋哨戒機をはじめとして海賊対処部隊や基地警備部隊などを常駐させているのは、いうまでもなく同海域での海賊対処に同盟諸国の軍事資源を駆り出したいアメリカの意向を反映させてのものである。

アメリカのために日本政府は万難を排し自衛隊を海外展開させ、日本が軍事的属国であることを容認している主要メディアも、「自衛隊の海外基地」に関してはあえて取り上げない態度に終始しているように思われる。

自衛隊初の海外軍事拠点・港湾施設と航空施設の併置

日本がアメリカの属国状態から離脱し、永世中立国に生まれ変わったとしても、バブ・エル・マンデブ海峡周辺海域の航行の危険性が減少するわけではない。反米テロリスト組織による海賊行為もないわけではないものの、多くの海賊にとって襲撃するタンカーや貨物船がアメリカの同盟国に向かおうが、中国に向かおうが、中立国に向かおうが、さしたる問題ではない。どこの国のタンカーでも、どこの国の船会社が運用していても、どこに向かおうとも、ただ襲撃が成功して多額の身代金を手にできればそれでよいのである。

したがって永世中立国化した日本は、日本の海上交易に対する危険地域の一つとしてのバブ・エル・マンデブ海峡周辺海域における民間船の航行の安全を維持するため、これまでジブチに保持してきた海外軍事基地を継続して使用していく必要がある。

ただし、これまではアメリカが主導する海賊制圧作戦に参加する形での自衛隊のジブチ展開であったが、永世中立国となったからにはアメリカやNATO諸国とは独立した形での日本独自の海賊制圧作戦を実施するためのジブチ常駐ということになる。

要するに、バブ・エル・マンデブ海峡周辺海域は日本の国防にとっての前方制海域の一つということになり、永世中立国・日本は、日本の自衛戦略の一環としてバブ・エル・マンデブ海峡周辺海域に艦艇や航空機を展開させ、それらを支援するためにジブチに軍事基地を維持することになるのである。

現在、永世中立国とされているスイス、オーストリア、トルクメニスタン、コスタリカ、リヒテンシュタイン、モルドバなどが、国際社会の公敵とされている海賊対策のために海軍部隊（そもそもそれらの国々の多くには海軍力と呼べるだけの戦力は存在しないのであるが）や航空戦力を派遣したり、まして海外に海賊対策のための軍事拠点を設置することなど実施しようもなかった。

そのため、これまでのところ永世中立国が海外に軍事力を展開させて海賊対策を実施するという実例はない。だからといって、永世中立国や中立主義国が海賊対策のために海外基地を設置してはいけないという国際的取り決めが存在しているわけではない。

海洋国家であり、かつ永世中立国である日本は永世中立国として初めて海外軍事拠点、それも港湾施設と航空施設を併置（現在の自衛隊基地には海軍施設は存在しない）する、という本格的な軍事施設を設けて海賊対策を実施することになるのである。

海上交通の安全を確保する国際貢献に

通常、海外に軍事拠点を設置するのは自国の軍事戦略上の必要性からであり、ジブチにアメリカが海外拠点を設置しているのも何も海賊対策だけのためではなく、中東地域の反米・反イスラエル勢力との戦闘のための前進拠点という意味合いもある。

しかしながら、永世中立国である日本がジブチに軍事拠点を設置すれば、それは額面通りに海賊対策のためだけの軍事拠点ということになる。港湾施設や航空施設を併設するといっても、海賊対処活動に用いる高速コルベットや哨戒ヘリコプターならびに海洋哨戒機、それに補給活動のための大型輸送機が使用するのみであり、他国との戦闘は全く想定していないことは明白となる。

何よりも、海賊は国際法上国際社会共通の敵と定義されており、その海賊を取り締まることはあらゆる海軍にとっては国際法上の義務とされている。そのような国際社会の公敵を取締・制圧するために必要な艦艇や航空機を常駐させるための軍事基地をジブチに保持する、という行為は、日本の前方制海域の安全確保という自衛目的だけでなく、国際社会の公敵を討伐して国際海上交通の安全を確保するという極めて重要な国際貢献になるのである。

そして、この種の作戦に海洋哨戒機や哨戒ヘリコプターそれに高速戦闘艇などを長期間にわたって展開させられる国は極めて限られており、このような国際貢献を日本が果たすということは、何よりも日本が永世中立国として国際社会に強く関与していることをアピールすることになる。

マラッカ海峡は日本国民の生命線

国際社会、そして日本自身の海上交易にとって頭の痛い海賊事案が頻発しているのは、バブ・エル・マンデブ海峡周辺海域だけではない。

中東方面から原油や天然ガスなどを積載し、日本や中国をはじめとする東アジア諸国に向かうタンカーや、東アジア諸国と南アジア、中東、ヨーロッパ、そしてアフリカ諸国との海上交易に従事する様々な商船の大半が通過しなくてはならないのがマレー半島（マレーシア）とスマトラ島（インドネシア）の間に横たわる長大なマラッカ海峡である。

この海域は古くから海賊が出没する危険な海峡であったが、現在でも海賊やテロリストによる襲撃の危険性が極めて高い。また、軍事的にも南シナ海とインド洋の最短航路となっているため、シンガポールに小規模ながらも軍事拠点を置くアメリカ海軍は、常時マラッカ海峡上空に海洋哨戒機を展開させて、周辺海域の監視に余念がない。

中東方面から原油を積載し、日本へ向かうタンカーの大半がマラッカ海峡を通過するため、マラッカ海峡における航行の安全確保は日本国民の生活維持と国民経済活動にとってまさに生命線を維持するために必要不可欠といえる。

マレーシアやインドネシアも受け入れやすい「海賊対処基地」

これまで日本はアメリカの軍事的属国であったため、アメリカ海軍によるマラッカ海峡の安全航行維持のための活動に〝依存〟していればよかった。

もっとも、アメリカ海軍がマラッカ海峡での海賊行為やテロ活動に対して目を光らせているからといって、それは何もアメリカ自身やアメリカの同盟国に関係する船舶だけの航行の安全を確保しているわけでなく、結果的にはアメリカと対抗関係にある中国やロシアに関係する船舶をも保護する形になっている。したがって、アメリカが〝大きい顔〟をするのを嫌う中国などは、厄介なマラッカ海峡の通航を避けるためにタイのクラ地峡に南シナ海とインド洋を直結させる運河を開設させようと画策しているくらいである。

永世中立国としての日本は、その中立性を厳格に維持するため、マラッカ海峡における航行の安全確保、とりわけ海賊行為やテロ行為を抑止したり、制圧する軍事作戦をアメリカに頼るわけにはいかない。

何といっても、マラッカ海峡を通航するタンカーでもっとも数量が多いのは日本向けなのである。バブ・エル・マンデブ海峡周辺海域と同じく、マラッカ海峡の海賊制圧のための艦艇、航空機、それらを支援する部隊を常駐させる拠点をマラッカ海峡沿岸国に維持すれば、日本の前方制海域の一つとしてのマラッカ海峡の安全な航行を確保し、国際社会の公敵である海賊を討伐するという国際貢献をなし、アメリカから離脱し、永世中立国として独り立ちしている状況を国際社会に認識させることになる。

もちろんジブチ同様に、マレーシアあるいは／ならびにインドネシアのマラッカ海峡沿岸に設置する日本の海洋戦力の本拠地は、軍事基地といっても他国との軍事紛争を視野に置いたアメリカの海外基地とは全く違い、海賊対策だけを目的に設定し、そのためだけの戦力が展開したり立ち寄るための軍事拠点である。

また、日本自身が永世中立国である以上、日本の「海賊対処基地」をアメリカが足がかりとして用いてしまうといった恐れもないため、マレーシアやインドネシアにとっても受け入れやすい。

加えて、それらの沿岸諸国自身も海賊制圧には手を焼いており、日本が貴重な海洋哨戒機や、哨戒ヘリコプターそれに高速コルベットなどを常時展開させるうえに何がしかの基地地代をも支払う（米軍などの外国の軍隊が自国領内に軍事施設を設置した場合に地代や使用料を徴収せず、逆に「思いやり予算」と称する補助金まで支払っているのは〝属国中の属国〟である日本だけである）のであるから、接受国にとっては悪い取引とは見なしようがないであろう。

バブ・エル・マンデブ海峡ならびにマラッカ海峡のほかにも、日本の海上交易とりわけ原油輸入にとって極めて重要かつ危険極まりないチョークポイントがある。ペルシア湾からインド洋（アデン湾）に抜け出る口にあたるホルムズ海峡である。ペルシア湾沿岸地域で産出され、日本に向かう原油はすべて狭小なホルムズ海峡を通過しなければならない。

前述のように、ホルムズ海峡周辺海域における航行の危険は、海賊によってももたらされているものの、主たる危険性はアメリカとイランの軍事的対立によってもたらされている。したがって、永世中立国・日本としては、マラッカ海峡やバブ・エル・マンデブ海峡のように海賊制圧部隊を常駐させることは差し控えざるをえない。というのは、日本の海賊制圧部隊がアメリカとイランの軍事衝突に巻き込まれたり、テロリスト集団によるアメリカ艦艇への攻撃に巻き込まれたりしかねないからである。

したがって、ホルムズ海峡周辺海域は日本の海上交易にとって保護すべき海域ではあるものの、前方制海域として自衛戦力を配置につけることは差し控えるべき海域ということになる。

国際社会の公敵からの「自衛」

上記のように、マラッカ海峡周辺海域とバブ・エル・マンデブ海峡周辺海域を日本の国防戦略上の前方制海域に設定し、これら２つの海域に自衛戦力を展開させることになる。この場合、自衛といっても他国による対日軍事攻撃に対抗するのではなく、国際社会の公敵である海賊から日本（ならびに国際社会）の権利や利益を防衛する、という意味合いでの「自衛」ということになる。

マラッカ海峡での海賊対策のために、マレーシア北部西岸あるいは／ならびにインドネシア北部東岸あるいは／ならびにシンガポールに、バブ・エル・マンデブ海峡周辺海域での海賊対策のためにジブチにそれぞれ派遣され、常駐する自衛隊海外展開部隊をとりあえず海賊制圧任務部隊（Counter-Piracy Task Force）と呼称しよう。

日本は永世中立国であるため、海賊制圧作戦そのものでは場合によっては他国の部隊との協力は実施するが、いかなる国や集団の指揮系統からも完全に独立し、いかなる多国籍部隊にも加わらない。

【前方制海域の安全確保のための海賊制圧任務部隊戦力案】

（数字は個々の海賊制圧任務部隊を構成する軍艦・航空機・部隊の数）

海上自衛隊

・フリゲート（1：旗艦として作戦全般の指揮を執る）

・コルベット（2：海賊船を追尾し、制圧する）

・海洋哨戒機（2：警戒海域を監視し、情報を管制する）

・哨戒ヘリコプター（4：上空から海賊を制圧する）

・特別警備隊（2：海賊に乗っ取られた船舶や海賊船に乗り込み海賊を制圧し、人質を救出する）

航空自衛隊

・大型輸送機（海外基地に常駐するわけではない）

陸上自衛隊

・基地警備隊（展開する部隊が使用する陸上施設、航空施設、港湾施設を警備するとともに部隊内の規律を保持する）

日本の国税を投入し、自衛隊員と自衛隊装備を展開させて実施する海賊制圧任務の目的は我が国自身の海上交易の安全を確保することにあるが、それは同時に、国際公敵である海賊を討伐することにより公海における航行自由を確保することにもなる。したがって、この防衛活動は上述した永世中立国による積極的な国際協力・国際貢献としての意味合いも有することになり、まさに一石二鳥以上の極めて効率的な軍事力の行使ということになる。

地対艦ミサイル戦力の整備、地対空ミサイル戦力の拡大・強化も

海洋国家防衛原則を具体的に実行するために制海三域を防衛する軍備は上記のようになるが、一目瞭然のように、陸上戦力の比重が極めて小さくなっている。

これは、地勢的には完全なる島嶼国で、地政学的には海洋国家として国民経済を維持し

ていかねばならないうえに、軍事・外交戦略として軍事的非同盟の永世中立政策を取るので同盟国や有志連合などへの陸上戦力の派遣という配慮もいらないため、永世中立国・日本の自衛戦力が完璧に海洋国家防衛原則に立脚すればよいことの結果として、当然の姿といえる。

非核重武装永世中立主義の日本が海洋国家防衛原則を厳守した場合には、海洋戦力すなわち海上、海中そして海の上空で戦う戦力が主体となるため、あたかも海上自衛隊や航空自衛隊が主戦力になり、陸上自衛隊は予備的役割しか与えられない、といったかつての「海主陸従」主義的見方が存在しかねない。

しかし上述したように、海洋上で敵戦力を撃破するのは海軍力と航空戦力だけではない。地上から海洋の敵戦力を迎撃する地対艦ミサイル戦力ならびに防空ミサイル戦力も、海洋戦力の主軸をなすのだ。そのため陸上自衛隊は、現在保有しているよりも質・量ともに大規模な形で地対艦ミサイル戦力を整備するとともに、航空自衛隊の防空ミサイル戦力を併合して各種地対空ミサイル戦力も大幅に拡大・強化しなければならないことになる。

それとともに、永世中立国・日本の地上戦闘部隊はこれまでの陸上自衛隊のようにあたかも大陸での戦闘を想定したかのような装備で身を固めている、と思えるような戦力であってはならない。また、海洋国家防衛原則と相容(あいい)れない本土決戦は断固排除する必要があるため、上陸してきた大規模な敵陸上戦闘部隊と地上戦を展開するような戦力である必要もない。

小規模な破壊集団が日本領内で破壊・殺戮を決行する恐れ

そもそも、永世中立国・日本に対して軍事攻撃を仕掛けようとする勢力は常軌を逸しているとしか考えられず、政治的目的を実現させるため、あるいは経済的利益を確保するための占領や占拠が軍事力行使の目的ではなく、日本に危害を加えることそれ自体が目的と化している、と考えざるをえない。したがって、基幹制海域や後方制海域を押し通ろうとする対日侵攻軍ではなく、極めて小規模な特殊部隊のような破壊集団を日本領内に送り込み、破壊・殺戮を決行する恐れがないとはいいきれない。

上記のように基幹制海域や後方制海域において高性能センサー類で厳重な警戒監視態勢を維持したとしても、何といっても日本は世界6位といわれる長大な海岸線を有している。そのため、予測不能の常軌を逸した目的で日本領内に接近してくる極めて小規模な部隊が、3万km近い海岸線のどこかの隙を海や空から警戒監視網をすり抜けて、日本領土内に侵入してしまう可能性があることは否定できない。

万一、このような破壊部隊が日本領内への侵入に成功してしまったとしても、大規模侵攻を導くための特殊部隊による作戦と違い、軍事常識を逸脱した狂気の破壊活動に携わる小規模部隊の行動は補給が伴わないため、長期間継続することはない。いくら小規模部隊とはいえ、自国領域内に侵入してしまった外敵を殲滅排除するのは、独立国家の政府が負っている最低限の責務の一つである。

したがって、日本領土に侵入を許してしまった敵戦闘部隊を無力化する戦力として「緊急展開部隊」を保持し、平時においては、このような破壊そのものを目的とした特殊部隊が襲撃する可能性が高い、すなわち破壊しがいのある、重要基幹インフラを常時警戒する必要がある。

万が一、対日攻撃が生起してしまった場合

緊急展開部隊は、陸上自衛隊第一空挺団（くうていだん）、水陸機動団、中央即応連隊、特殊作戦群といった緊急展開能力に優れた既存戦力を核として統合し、拡大再編成することになろう。この部隊の作戦出動組織編成は出動地域や対処状況に応じて出動部隊の構成内容と規模を柔軟に編成して出撃することになる。

陸上自衛隊第一空挺団の演習（2024年１月、写真提供：AFP ＝時事）

そのためには、各種ヘリコプターを自前で運用し、重輸送ヘリコプターで搬送可能な各種車両を多用するとともに、敵の少数精鋭部隊を可及的速やかに発見捕捉するために多数の各種無人機をセンサーとして駆使する、機動力に富んだハイテク戦闘部隊ということになる。通常は沖縄から北海道に至る全国８カ所の航空施設を有する駐屯地に分散配置する。

緊急展開部隊は海軍艦艇などと同様に、訓練それに装備の整備がすべて完了し、緊急出動態勢を固めるチームのほか、緊急出動待機期間が終了して休養と教育訓練中のチーム、要地警備任務に当たるチーム、緊急出動に備えた準備を整えるチームと、数カ月ごとのローテーションで常時警戒出動態勢を維持するのである。

要地警備任務というのは、緊急展開任務とともに緊急展開部隊にとっての実戦配備という位置づけになる。緊急展開は外敵の侵攻に対応した戦闘任務であるため、出動する時点から戦闘状態ということになるし、当然ながら前もって出撃先が決まっているわけではない。

それに対して、要地警備任務は平時において原子力発電所、戦略石油備蓄基地、主要コンビナート、主要航空施設、主要港湾施設、主要火力発電所、主要水力発電所、主要変電所などの戦略的インフラや自衛隊基地を含む防衛拠点などを警備する任務であり、特殊部隊による破壊活動などに目を光らせる。

もう一つ、海外での邦人救出任務がある。海外での騒乱などに際して、日本政府が緊急派出したチャーター機などによって騒乱地域から脱出できずに邦人が取り残されてしまった場合、特殊作戦能力ならびに水陸両用能力を身につけている緊急展開部隊がヘリコプター空母や揚陸輸送艦に乗り込んで目的地沖（アメリカ海兵隊の経験によると、この種の騒乱が起きる地域の大半は海から接近したほうが、内陸から接近するよりはるかに短時間で接近が可能である）に急行し、邦人救出作戦を実施するという、発生可能性は低いものの極めて重大な任務も緊急展開部隊は負っているのである。

日本の核抑止戦力

前章で検討したように、永世中立国・日本の国家戦略として莫大な予算を投入しなければならないのを織り込み済みのうえ、独自の核抑止力を保持するとの方針が採択された場合には（ただし本書の立場は、軍事経済的視点から、そのような方針は採択しないのであるが）、大量の非核戦略兵器による強力な核抑止戦力を構築することになる。たとえ、日本の非核戦略兵器による核抑止戦力が核兵器保有国に対抗しうる精強な戦力であったとしても、それはあくまで核戦力ではないため、非核という国是は維持することになる。

すでに触れたように、非核戦略兵器は命中精度が極めて高い弾道ミサイル、長距離巡航ミサイル、そして将来的には極超音速滑空飛翔体などが候補として挙げられている。もちろん、いずれも弾頭には非核高性能爆薬が装填されることになる。そして日本の場合、弾道ミサイルや長距離巡航ミサイルはいずれも地上移動式発射装置、駆逐艦、フリゲートそれに潜水艦から発射されることになる。

それらの非核戦略兵器は航空機から発射するタイプも存在するが、永世中立国・日本の場合、中立義務履行のために必要な軍備や海洋国家防衛原則に立脚した軍備にはミサイル爆撃機のような大型攻撃機は必要ないため、航空機発射型非核戦略ミサイルを運用するには、新たに多数の爆撃機も開発・製造しなければならず、それだけの予算は地上から非核戦略ミサイルを発射する部隊の構築維持に投入したほうが効率的である。

一方、軍艦から発射するタイプの場合、中立義務履行のために必要な軍備や海洋国家防衛原則に立脚した軍備で必要とされる軍艦にそれらの非核戦略兵器を装填すればよいため、核抑止専用の軍艦を保持する必要はない。

地上発射部隊の場合、一部隊は10～20基ほどのミサイルを一斉連射できる能力と第二波攻撃のための補充弾も保持し、それぞれの発射装置は分散配備について、部隊としての生存性を高めることになる。このような部隊を日本各地の山間部を中心とした数多くの地域に点在させるのである。発射部隊に加えて、予備の弾道ミサイルや巡航ミサイルや各種車両を保管整備する施設も、やはり全国各地の山間部に設置する必要がある。

ただし、核抑止力としての非核戦略兵器を保有するに際して莫大な予算が必要となるという問題以上に複雑な問題は、弾道ミサイルの射程距離である。地上発射型長距離巡航ミサイルの場合は最大射程距離は通常１５００～２５００㎞程度（例外的にロシアが４５００㎞のミサイルを開発中）であり、日本から長距離巡航ミサイルによって反撃あるいは報復攻撃できる核保有国の領域は中国主要部、北朝鮮全域、ロシアのシベリアの一部だけということになり、その他の核保有国に対しての反撃あるいは報復攻撃はできないことになる。

いうまでもなく、永世中立国は全ての国に対して中立的立場を保つのが原則である。とするならば、永世中立国であり、かつ独自に核抑止力を保有すると決心した場合、全ての核保有国に対しても等しく警戒感を持つのが原則ということになる。特定の核保有国だけを核抑止力の対象と見なし、特定の核保有国は核抑止力の対象外というのでは、中立国とはいえない。第二次世界大戦中に、永世中立国スイスはドイツ軍機からもアメリカ軍機からもイギリス軍機からも攻撃を受けた事例を忘れてはいけない。

したがって、長距離巡航ミサイルの射程圏外にある核保有国に対する核抑止力として非核弾頭搭載の弾道ミサイル、あるいは将来的には極超音速滑空飛翔体を保有しなければ、永世中立国としての中立性に揺らぎが生ずることになってしまう。すなわち、中国、北朝鮮、ロシアだけでなく、アメリカ、イギリス、フランス、インド、パキスタン、イスラエルに対して反撃あるいは報復攻撃を加えられる能力を持った非核戦略兵器としての弾道ミサイルを開発・運用することが、核抑止力を独自に保持すると決意した場合の永世中立国・日本が中立性を維持する条件となるのである。

永世中立国・日本の軍備が示す王道国家への途

本章で提示した中立義務履行のために必要な軍備、永世中立国として積極的に国際貢献をなすための軍備、後方制海域を突破されないための軍備、基幹制海域での優勢維持のための軍備、前方制海域の安全確保のための軍備、それに日本領土内を防衛するための軍備は、もちろんそれぞれが独立しているわけではないため、日本の軍備はそれらを合算した姿になるわけではない。

たとえば、中立義務履行のために必要な軍備と後方制海域を突破されないための軍備はほぼ同一の内容であり、中立義務履行と日本が侵攻を受ける事態が同時に起こることはない。一方、後方制海域を突破されないための軍備と基幹制海域での優勢維持のための軍備は、ともに日本侵攻という事態が発生した際に同時に必要となる軍備である。そして、前方制海域での安全確保のための軍備は、平時においても有事においても常に展開していることが望ましい軍備ということになる。

いずれにしても、本書で提示した永世中立国・日本が保持する軍備は、これまで存続してきた自衛隊とは、そして明治期から太平洋戦争敗北までの日本軍とも、全く様相が異なることになる。なぜならば、海洋で戦闘する戦力が中心となるからである。陸上自衛隊といえども、海上の艦艇を迎撃する地対艦ミサイル部隊や海洋上空の航空機を迎撃する地対空ミサイル部隊が主体となるのだ。

その結果、永世中立国・日本の軍事力はいくら戦力全体としては極めて強力になっているとはいえども、他国の領土内に攻め込むことはできない構成となっている。なぜならば、海を越えて陸上戦闘部隊を送り出すための強襲揚陸艦や輸送揚陸艦といった物理的な投射戦力を保持していないうえ、陸上戦闘戦力としての緊急展開部隊も高度な特殊作戦能力を保持し、機動力に富むとはいえ他国領土での侵攻戦に耐えうるような大規模部隊ではないからである。したがって、非核重武装永世中立主義を標榜する日本は、その軍事力の内容から評価した場合においても、他国を軍事侵攻するような覇道国家とは一線を画した、王道国家を目指しうる国家ということになるのである。

装丁：斉藤よしのぶ
カバー写真：ＥＰＡ＝時事

〈著者略歴〉
北村　淳（きたむら　じゅん）
軍事社会学者・米国ワシントン州在住。
1958年東京都生まれ。東京学芸大学卒業。警視庁公安部勤務後、89年に渡米。戦争発生メカニズムの研究によってブリティッシュ・コロンビア大学で博士号（政治社会学）を取得。専攻は軍事社会学・海軍戦略論・国家論。海軍の調査・分析など米国で戦略コンサルタントを務める。著書に『米軍幹部が学ぶ最強の地政学』（宝島社）、『トランプと自衛隊の対中軍事戦略』（講談社＋α新書）、『シミュレーション日本降伏』（ＰＨＰ新書）など多数。

米軍最強という幻想
アメリカは日本を守らない

2024年２月20日　第１版第１刷発行

著　者　北村　淳
発行者　永田貴之
発行所　株式会社ＰＨＰ研究所
東京本部　〒135-8137　江東区豊洲5-6-52
ビジネス·教養出版部　☎03-3520-9615（編集）
普及部　☎03-3520-9630（販売）
京都本部　〒601-8411　京都市南区西九条北ノ内町11
PHP INTERFACE　https://www.php.co.jp/
組　版　株式会社PHPエディターズ·グループ
印刷所　株式会社精興社
製本所　東京美術紙工協業組合

ISBN978-4-569-85611-7

PHP新書

シミュレーション日本降伏

中国から南西諸島を守る「島嶼防衛の鉄則」

北村 淳 著

米シンクタンクで海軍アドバイザーを務める著者が指摘する日中の戦力差。中国が魚釣島を奪いに来たら、日本はもう抗えない。